职业教育制造类专业创新型系列教材

增材制造
工艺与应用

主 编 张 斌 沈晓琳

参 编 殷旭宁 李瑜城 杨 凤

科学出版社

北 京

内 容 简 介

本书根据职业类证书"增材制造模型设计"职业技能等级证书考试大纲编写。

本书以大飞机结构件模型3D打印为主线，介绍增材制造的工艺及技术应用，主要有4个模块的内容：走进增材制造技术；飞机通风板模型的制作；飞机中央翼缘模型的制作；飞机燃油箱模型逆向建模。书中涉及增材制造技术的发展历程、熔融沉积成型、立体光固化快速成型、逆向扫描设计等增材制造技术的工艺原理、设备操作方法、材料选用、工艺特点、关键技术、预处理与后处理方法，以及设备日常维护保养等知识和技能。本书职业能力定位准确，工作逻辑清晰，操作过程明了，并配有丰富的数字资源以便学习，可从www.abook.cn下载使用。

本书既可作为职业院校学习增材制造技术的教材，又可作为增材制造相关岗位的培训教材，还可作为从事计算机辅助设计与制造、模具设计与制造等工作的工程技术人员的参考用书。

图书在版编目（CIP）数据

增材制造工艺与应用/张斌，沈晓琳主编. —北京：科学出版社，2025.3
ISBN 978-7-03-077930-4

Ⅰ.①增⋯ Ⅱ.①张⋯ ②沈⋯ Ⅲ.①快速成型技术 Ⅳ.① TB4

中国国家版本馆 CIP 数据核字 (2024) 第 031365 号

责任编辑：陈砺川 / 责任校对：马英菊
责任印制：吕春珉 / 封面设计：东方人华平面设计部

科 学 出 版 社 出版

北京东黄城根北街16号
邮政编码：100717
http://www.sciencep.com

三河市骏杰印刷有限公司印刷

科学出版社发行　各地新华书店经销

＊

2025年3月第 一 版　开本：787×1092　1/16
2025年3月第一次印刷　印张：12 1/2
字数：294 000

定价：48.00元
（如有印装质量问题，我社负责调换）

销售部电话 010-62136230　编辑部电话 010-62135319-1028

在全球新一轮科技革命与产业变革的浪潮中，增材制造技术作为颠覆传统制造范式的核心力量，正深刻重塑大国先进制造业的竞争格局。该技术不仅突破了传统减材、等材制造的技术边界，更成为推动高端装备自主化、产业结构升级化与创新生态协同化的重要引擎。

党的二十大报告提出："建设现代化产业体系。坚持把发展经济的着力点放在实体经济上，推进新型工业化，加快建设制造强国、质量强国、航天强国、交通强国、网络强国、数字中国。"增材制造技术的颠覆性及所涉及领域的广度，使其成为大国角逐先进制造业制高点的重要抓手之一。它通过实现复杂构件一体化成型，显著提升航空航天、国防军工等领域关键部件的性能极限；凭借个性化定制能力，加速生物医疗、消费电子等产业的迭代效率；依托数字化制造特性，推动传统制造业向智能工厂转型。

现阶段，很多人对于增材制造的认识仍较为粗浅，尚停留在熔丝堆积、一键加工这种比较初级的技术层面。实际上，经过数十年的发展，增材制造技术已经包含了多种成型类型、材料种类，围绕增材制造前、中、后各个环节也发展出了成体系的工艺内容。

本书根据教育部公布的《中等职业学校专业教学标准》，同时参考增材制造模型设计职业技能等级考试大纲所编写，是增材制造技术应用专业的入门教材，也是机械、模具等相关专业学习增材制造技术的教学用书。书中根据职业院校学生的认知特点，以先进制造业的代表——飞机模型零部件的制作为引导，帮助学生在了解大国重器的同时，树立科技强国信心，培养工匠精神品格，并能够完成3D打印技术的学习。

本书内容包含以下4个模块。

模块一：走进增材制造技术。介绍增材制造的发展历程与现状、增材制造在各行各业的应用，分析增材制造与传统加工的区别，讲解增材制造中的熔融沉积成型（fused deposition modeling，FDM）与立体光固化成型（stereo lithography apparatus，SLA）打印技术，同时对不同的打印材料进行介绍。

模块二：飞机通风板模型的制作。详细介绍FDM打印机基本操作；通过完成飞机通风板模型的3D打印，学习使用FDM打印机完成模型的构建及切片、模型打印、模型后处理及FDM打印机日常维护保养；综合实训为笔筒的打印。

模块三：飞机中央翼缘模型的制作。详细介绍SLA打印机基本操作；通过完成飞机中央翼缘模型的3D打印，学习使用SLA打印机完成三维模型构建及切片、模型打印、模型后处理及SLA打印机日常维护保养；综合实训为牙齿的打印。

模块四：飞机燃油箱模型逆向建模。详细介绍三维扫描仪的使用；通过完成飞机燃油箱六面体罩模型件数据采集及六面体模型逆向处理，学习逆向建模技术；综合实训为花洒的逆向建模。

本书由张斌、沈晓琳主编，参加编写的有殷旭宁、李瑜城、杨凤。在编写过程中，编者参阅了国内外出版的有关教材和文献，在此一并向相关作者表示衷心的感谢。

由于编者水平有限，书中不妥之处在所难免，恳请读者批评指正。

编　者

目 录

1

走进增材制造技术

增材制造技术理论主要涉及增材制造概念、工作原理、工艺流程、制件材料等知识。本模块通过大飞机钛合金结构件（图1-0-1）的制造揭开增材制造技术的神秘面纱，让学生了解增材制造技术与传统加工技术的区别，增材制造技术工作原理、工艺流程，并学会合理选择加工制件的材料，为后续3D打印工艺与制件加工的学习做好准备。

图1-0-1　大飞机钛合金结构件

▷ 模块学习目标

1. 能简述增材制造技术和传统加工技术的区别；
2. 能举例说明增材制造技术的应用；
3. 能简述增材制造技术的工作原理；
4. 能简述增材制造技术的工艺流程；
5. 能合理选择增材制造的材料。

任务 1-1　增材制造技术与传统加工技术的比较

职业能力 1-1-1
能区分增材制造技术与传统加工技术

一　核心概念

1　增材制造技术

增材制造（additive manufacturing，AM）技术，又称3D打印技术，或称快速成型制造（rapid prototyping manufacturing，RPM）技术。

3D打印技术是一种以数字模型文件为依据，运用粉末状金属或塑料等可黏合材料，通过逐层堆积打印材料的方式来构造物体的技术。它是将材料一次性熔聚成型，这与传统的对原材料进行切削等减材制造的方法相反。类似于建造房屋的过程，3D打印也是从基础构建，通过打印材料的层层叠加，最终形成一个完整的立体物品，其基本原理是离散-堆积原理。

2　离散-堆积原理

离散-堆积原理为首先获取计算机辅助设计（computer-aided design，CAD）模型，在计算机的管理与控制下将CAD模型进行离散化，对离散后的每层截面轮廓信息进行数据处理，形成各层片的加工控制信息并完成工艺规划；然后在成型设备上依次制造出各个层片并逐层黏结成一体，完成堆积过程；堆积完成后对模型进行后处理，去除模型的支撑材料，并对表面进行打磨与抛光。离散-堆积原理如图1-1-1所示。

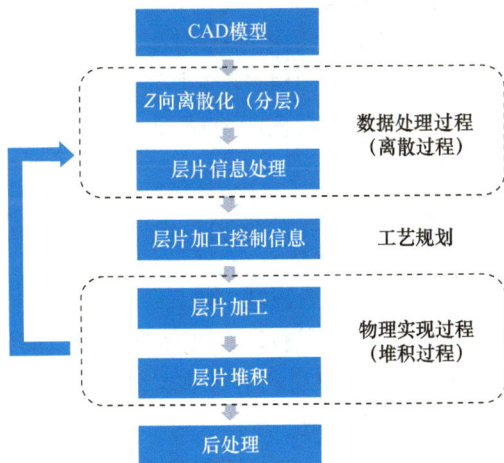

图1-1-1　离散-堆积原理

二　学习目标

- 能简述增材制造技术、离散-堆积原理、传统加工技术。

- 能简述中国增材制造技术的发展历程。
- 能举例说出增材制造技术的应用领域。
- 能简述增材制造技术和传统加工技术的区别。
- 能简述增材制造技术的优势。

三 基本知识

1　我国增材制造技术发展历程

增材制造技术是工业4.0时代的九大技术支柱之一，能够实现高度定制化和复杂结构的快速原型制作，满足个性化市场需求和加速产品创新周期。

3D打印技术在我国的发展可以追溯到20世纪80年代末至90年代初，当时我国开始引进和研发3D打印技术，并开始探索其在制造业和其他领域的应用。

20世纪90年代，清华大学机械工程系颜永年教授领导的研究团队开始从事快速原型制造技术的研发，并成功研制出具有多功能的快速原型制造系统。

随着时间的推移，我国的3D打印技术逐渐得到了发展和推广。1995年，北京航空航天大学的王华明教授领导的研究团队开始了金属3D打印技术的研发工作，成功研制出我国首个3D打印的钛合金零件，并实现了该零件在飞机上的装机应用。

自2013年以来，我国的3D打印技术发展迅速。不仅在制造业中得到广泛应用，还在医疗、航空航天、建筑等众多领域有了重要的突破和应用。同时，我国的3D打印设备制造商也逐渐崛起，成为全球市场的重要参与者。

总的来说，我国的3D打印技术发展经历了引进、研发、政策支持等不同阶段，逐渐成为全球领先的3D打印技术创新和应用的国家之一。未来，随着技术的进一步成熟和应用领域的推广，我国的3D打印技术有望在更广泛的领域中展现出巨大的潜力并发挥更深远的影响力。

2　增材制造技术的应用

（1）工业制造领域。该技术用于产品概念设计、原型制作、产品评审、功能验证、模具原型制作、模具打印，产品打印。目前3D打印的小型无人飞机、小型汽车等概念产品已问世，3D打印的家用器具模型也被用于企业的宣传营销活动中。

（2）文化领域。该技术用于制造形状和结构复杂、材料特殊的艺术表达载体。科幻类电影《阿凡达》运用3D打印塑造了部分角色模型和道具；3D打印的小提琴也接近了手工艺品制作水平。

（3）航空航天、国防军工领域。该技术用于复杂形状、尺寸微细、特殊性能的零部件、结构的直接制造。

（4）生物医疗领域。该技术用于人造骨骼、牙齿、助听器、假肢等的制造。

（5）生活领域。该技术用于珠宝、服饰、鞋类、玩具、创意DIY（do-it-yourself）作品的设计和制造，也被用于个性化打印定制服务。

（6）建筑工程领域。该技术用于建筑模型风洞试验和效果展示，以及建筑施工模拟。

（7）教育领域。该技术用于不同学科实验、教学的模型验证或科学假设。

3　传统加工技术

传统加工技术包括车、铣、刨、磨等机械加工技术，以及铸造、锻造、热处理、焊接等金属加工技术，还有一些如铸塑技术等。如图1-1-2所示，以切削加工为例，刀具与工件接触，在切削力的作用下，通过去除余量的方式进行加工的，胚料的尺寸是从大到小的过程，因此这种加工方式称为减材制造。铸造加工是将熔融金属溶液浇注在模具中，待金属溶液冷却后成型，所以这种成型方式称为受迫成型。

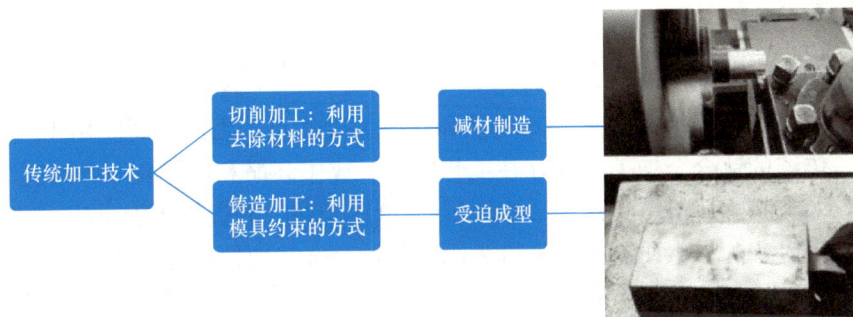

图 1-1-2　传统加工技术

减材制造的过程主要可以分为四个阶段，分别是原材料的生产，毛坯制造，粗、精加工和最后的成品制造。传统减材制造使用的设备如图1-1-3所示。车床主要加工回转类零

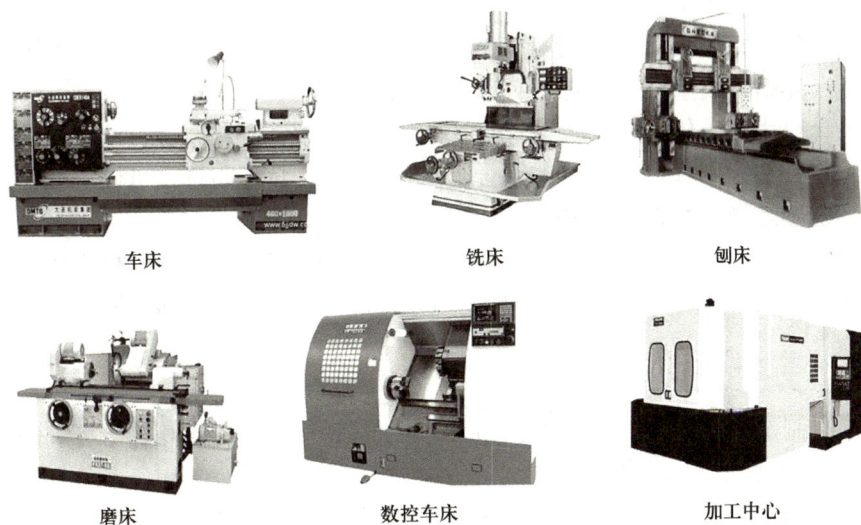

车床　　　　　　　　铣床　　　　　　　　刨床

磨床　　　　　　　数控车床　　　　　　加工中心

图 1-1-3　传统减材制造使用的设备

件；铣床主要加工平面、槽、台阶等；刨床主要加工平面、沟槽等；磨床主要用于加工各种材料及复杂型面零部件。数控车床和加工中心是通过数字信息对机械运动和工作过程进行控制的机床。

（四）能力训练

人类制造技术的发展已有几千年历史，制造工艺经历了从手工制造、等材制造、减材制造到增材制造的几个阶段。增材制造技术和传统加工技术的区别是什么？增材制造技术的优势在哪里？接下来通过大飞机某些钛合金结构件与传统飞机钛合金结构件的加工技术对比，介绍增材制造技术和传统加工技术在加工方法、使用设备等方面的不同，以此说明增材制造技术的优势。

1　区别增材制造技术与传统加工技术

钛合金具有低密度、高强度、高刚性和耐腐蚀等优点，因此广泛应用于航空航天领域。然而，传统的钛合金加工方式存在工艺复杂、成本高昂和产能有限等问题。使用 3D 打印技术，尤其是金属 3D 打印技术，可以克服这些问题，并提供更加灵活、高效和经济的解决方案。以我国自主研制的大飞机为例，其钛合金结构件正是采用了金属 3D 打印技术制造的。与传统飞机钛合金结构件采用的传统加工技术相比，它们的结构件在加工方法、使用设备和设计自由度上存在一些不同之处。

（1）加工方法。传统飞机钛合金结构件通常使用传统的机械加工技术，如通过切削方法从整块材料中削除多余材料，再通过冲压、焊接等方法来形成所需形状；而大飞机某些钛合金结构件采用的是金属 3D 打印技术，通过激光或电子束熔化钛合金粉末，并将熔融粉末逐层堆积形成，不需要对多余材料进行切削和去除。

（2）使用设备。传统飞机钛合金结构件加工通常使用传统的机械加工设备，如数控机床、冲床、焊接设备等；而大飞机某些钛合金结构件的 3D 打印技术需要使用金属 3D 打印设备，包括激光熔化成型设备和电子束熔化成型设备。

（3）设计自由度。传统飞机钛合金结构件在设计时受到传统加工技术的限制，对形状和结构有一定的要求；而大飞机某些钛合金结构件通过 3D 打印技术可以实现更加复杂的几何形状和内部结构，拥有更高的设计自由度。

总体而言，大飞机某些钛合金结构件的制造采用了先进的金属 3D 打印技术，相较于传统的机械加工方法，具有更高的灵活性，可以提高生产效率和产品质量。

2　说明增材制造技术的优势

了解增材制造技术和传统加工技术之间的区别后，可以总结出相较于传统的机械加工技术，3D 打印技术具有以下优势。

（1）节约材料。传统加工技术中，为了获得所需的结构件形状，需要大量地切割和去除多余材料；而 3D 打印技术可以直接将材料精确地堆积成所需的形状，减少了材料浪费。

（2）生产周期短。3D打印技术可以将复杂结构件一次性制造完成，不需要多个工序和装配过程，这大幅缩短了生产周期。

（3）质量轻。3D打印技术可以实现内部空心结构或蜂窝状结构，可减少结构件的重量，提高航空器的燃油效率。

（4）减少热应力。3D打印技术可以通过调整熔化温度和冷却速率等参数，减少材料在制造过程中的热应力，提高结构件的强度和耐久性。

（5）可定制性强。3D打印技术可以根据具体的设计需求，灵活地调整结构件的几何形状和内部结构，实现个性化定制。

问题情境

问题1　能否将人物模型通过3D打印机打印出来？

提示：现在的3D打印技术已经非常先进，可以通过扫描人体获得人体个性化数据或者利用人体的照片得到设计模型，然后使用3D打印机进行打印，这样就可以获得一个真实尺寸的人物模型。这种技术不仅可以用于艺术创作，还可以用于医学和个性化定制等领域。

问题2　3D打印可以直接取代传统的加工制造吗？

提示：3D打印技术在制造领域的应用正在日益增加，但目前并不能完全取代传统的加工制造。尽管3D打印有许多优点，比如可以快速制造复杂的结构，减少材料浪费等，但在一些方面仍然存在局限性。

传统加工技术仍然更适合大批量生产、精密度要求高的产品或者有特定材料要求的产品制造。目前，3D打印技术在材料选择、大批量制造速度和成本上仍然存在一定的局限性，无法完全替代传统加工技术。因此，3D打印通常被应用于小批量生产、个性化定制、快速原型制造等领域。

随着3D打印技术的不断发展和完善，未来可能会有更广泛的应用，但目前还不能完全取代传统加工技术。

五　学习结果评价

请将学习结果评价填入表1-1-1中。

表1-1-1　学习结果评价

序号	评价内容	评价标准	评价结果
1	了解增材制造、离散-堆积原理	能正确说出增材制造、离散-堆积原理（2分）	

续表

序号	评价内容	评价标准	评价结果
2	了解传统加工技术	能正确说出传统加工技术概念（1分）	
3	了解中国增材制造技术的发展历程	能简述中国增材制造技术的发展历程（1分）	
4	了解增材制造技术的应用领域	能说出至少3个增材制造技术的应用领域（1.5分）	
5	了解增材制造技术和传统加工技术的区别	能从加工方法、使用设备以及设计自由度3个方面区别增材制造技术和传统加工技术（3分）	
6	了解增材制造技术的优势	能说出至少3个增材制造技术的优势（1.5分）	
总分（10分）			

六 拓展阅读

3D打印技术在建筑领域的应用

3D打印同样引发了建筑领域的追捧。虽然3D打印房屋的概念吸引了业内外的关注，但在现实生活中，3D打印主要应用于建筑装饰以及建筑模型的制作，3D打印实体建筑尚处于试验性阶段。目前，3D打印制造的个性化装饰部件已经成功应用于水立方、上海世博会大会堂、国家大剧院、广州大剧院、凤凰国际传媒中心、海南国际会展中心、三亚凤凰岛等多个建筑项目中。

位于北京市昌平区第七届国际草莓研讨会展览中心的酒店综合体包含培训中心、会展中心和工厂，使用了大量3D打印制造的建筑装饰物，如图1-1-4所示。

图1-1-4　使用3D打印制造的建筑装饰物的酒店综合体

课后作业

职业能力编号：_____

班级：_____　　姓名：_____　　日期：_____

1. 说一说什么是增材制造技术。

----

2. 增材制造技术与传统加工技术之间的区别有哪些？

----

3. 我国增材制造都用在哪些领域？

职业能力1-1-2
能理解增材制造的工作原理及工艺流程

一 核心概念

1 熔融沉积成型（FDM）打印原理

将丝状的热熔性材料加热熔化，通过一个带有微细喷嘴的喷头挤喷出来，如果热熔性材料的温度始终稍高于固化温度，而成型部分的温度稍低于固化温度，就能保证热熔性材料挤喷出喷嘴后，立即与前一层成型部分熔结在一起。一个层面沉积完成后，打印机工作台按预定的设置下降一个层的厚度，再继续熔喷沉积，直至完成整个实体造型。FDM打印设备示意图如图1-1-5所示。

2 立体光固化成型（SLA）打印原理

使用液态光敏树脂（photosensitive resin）作为打印材料，氦-镉激光器或氩离子激光器发出紫外激光束，在控制系统的控制下按零件的各分层截面信息在光敏树脂表面进行逐点扫描，被照射区域的树脂薄层产生光聚合反应而固化，形成零件的一个薄层。一层固化完毕后，工作台下移一个层厚的距离，以便在原先固化好的树脂表面再敷上一层新的液态树脂，并使用刮板将黏度较大的树脂液面刮平，然后进行下一层的扫描加工。新固化的一层牢固地黏结在前一层上，如此重复直至整个零件制造完毕，得到一个三维实体。SLA打印设备示意图如图1-1-6所示。

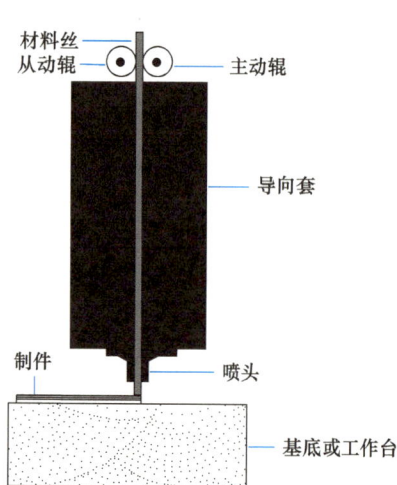

图1-1-5　FDM打印设备示意图

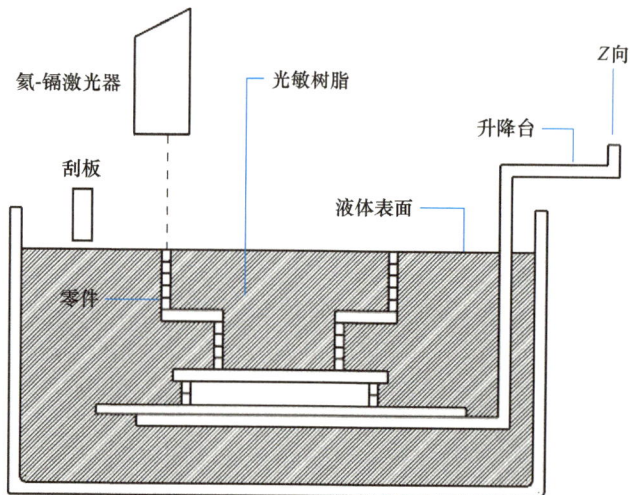

图1-1-6　SLA打印设备示意图

二　学习目标

- 能说明 FDM 打印原理和 SLA 打印原理。
- 能说出 FDM 设备和 SLA 设备的种类。
- 能简述 FDM 技术和 SLA 技术的优缺点。
- 能说出增材制造的工艺流程。

三　基本知识

1　FDM 设备和 SLA 设备简介

FDM 设备按成型规格和适用材料种类可分为桌面级、办公级和工业级三种，如图 1-1-7 所示。目前在民用领域应用最广泛的桌面级设备还可分为成品设备和 DIY 组装设备。无论哪种规格的设备，其都由喷头、送丝机构、运动机构、工作台和加热区域五个主要部分构成。

桌面级　　　　办公级　　　　工业级

图 1-1-7　FDM 设备

目前，研究 SLA 设备的单位有美国的 3D Systems 公司、Aeroflex 公司，德国的 EOS 公司，法国的 Prodways 公司，以色列的 Sprybuild 公司，以及我国的西安交通大学、上海联泰科技股份有限公司、华中科技大学等。

西安交通大学在 SLA 技术、设备、材料等方面进行了大量的研究工作，推出了自行研制与开发的 SPS、LPS、和 CPS 三种机型，每种机型各自有不同的规格系列，其工作原理都遵循 SLA 原理。上海联泰科技股份有限公司也开发了 SLA 设备，主要机型包括 RS-350、RS-600 等。国产 SLA 成型机如图 1-1-8 所示。

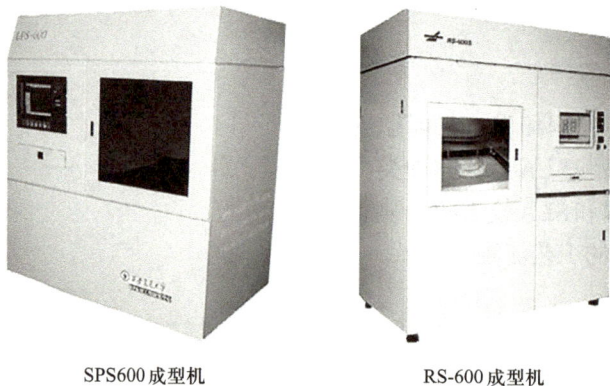

SPS600 成型机　　　　　　RS-600 成型机

图 1-1-8　国产 SLA 成型机

2　FDM 技术与 SLA 技术的优缺点

FDM 技术适用于产品的建模、形状和功能测试或中等复杂程度的中小原型产品制造，不适合制造大型零件，其优缺点如表 1-1-2 所示。

表 1-1-2　FDM 技术优缺点

优点	缺点
成本低：FDM 技术无须激光器这类高功率部件，因而设备使用费用低；此外，原材料的利用率高且不产生毒气或化学物质污染，可大幅降低成型成本	成型精度较低：由于技术原理以及受最小层厚度限制，制件的尺寸精度比较差，且表面有较明显的条纹
去除支撑部分方便：FDM 技术可采用水溶性支撑材料，使去除支撑结构简单易行，可通过浸泡非常容易地去除一些复杂的有内腔和中空的结构件及一次成型的结构件中的支撑部分	复杂构件不易制造：由于制件中的悬臂结构需要设计和制作支撑结构，因此复杂结构的制件会难以成型，尤其对于单喷头的 FDM 设备更是如此
适用材料种类多：可选用各种色彩的工程塑料以及柔性材料、木质材料、金属材料、碳纤维材料等多种类型材料	成型速度相对较慢：成型速度是快速成型加工中的一个重要参数，它直接关系到加工效率、成型质量和成型精度。通常情况下，成型速度越快，对设备和原材料的消耗就越大，加工成本也就越高；但是如果成型速度过慢，则会影响到加工效率和成型质量。因此，在选择成型速度时需要综合考虑以上因素，合理调节加工参数，以达到最佳的成型效果
设备使用方便：FDM 原理简单，设备的日常维护和简单维修完全可以由使用者自行完成；同时，FDM 技术无毒性且不产生异味、粉尘、噪声等污染，不用设置专用场地，适用于办公室环境	
制件力学性能出色：FDM 的制件具备相对较高的强度与优良的韧性，可以组合装配，可以进行功能性测试	

SLA 技术适用于对产品精度要求高的场合，但制件力学性能比较差，不适合作为功能件使用，其优缺点如表 1-1-3 所示。

表1-1-3　SLA技术优缺点

优点	缺点
技术成熟可靠：SLA技术是最早出现的快速原型制造工艺，经过长时间检验，成熟度高	需要支撑结构：由于光敏树脂材料在固化时容易产生翘曲变形，因此需要人工设计出合理的支撑结构；此外，支撑结构需要在未完全固化时去除，否则容易破坏成型件
产品精度高：光固化3D打印件是尺寸精度最高的一种，可以创建具有极高质量、精细特征（薄壁，尖角等）和复杂形状的模型	设备、耗材昂贵：光固化3D打印设备造价高昂，而且使用和维护成本也高；光敏树脂材料价格较贵，且不能长时间保存
表面质量好：成型的制件表面比较光滑，适合作为精细零件使用，很多情况下也免去了表面打磨的后处理步骤	工作环境差：光敏树脂有轻微毒性，对环境有污染，可能引起人体皮肤过敏反应；此外，光固化设备还需要专门安置在黄光灯（无蓝光）房间内
制件柔韧性好：光敏树脂固化成型的制件质地可以通过调节光照强度控制其成型后的软硬程度，这样便可获取最佳柔韧性的3D打印制件	制件综合物理性能差：由于加工材料是树脂，因此工作温度不能过高；此外，成型件易吸湿膨胀，耐腐蚀性不强，可加工性较差

（四）能力训练

虽然技术路线不同，但是FDM和SLA这两种快速成型技术的基本思路是一致的，即将三维实体离散成二维层片，完成二维打印后叠加形成三维实体。这种制造方式与传统制造方式完全不同，它将三维制件转化为简单的二维单元并逐层制作，不需要预先制作模具，大幅缩短了制作周期，很好地满足了客户的需求。

下面以飞机钛合金结构件为例，介绍增材制造的工艺流程。

步骤1　建立三维模型

目前，增材制造技术首先要通过三维绘图软件或3D扫描仪等构建三维模型，然后才能开始打印。随着3D打印技术的发展，相关的三维绘图软件产品逐渐丰富起来，有些软件甚至可以将平面照片转化成立体模型。当三维模型轮廓不规则时，可能需要添加支撑件以保证打印顺利进行，但通过专门的STL修复软件也可解决这一问题。通常，三维模型采用STL格式存储，以便切片软件进行识别和进一步分层。STL文件中应该包含有零件的尺寸、颜色、材料以及其他特征信息。图1-1-9为飞机某一钛合金结构件的三维模型。

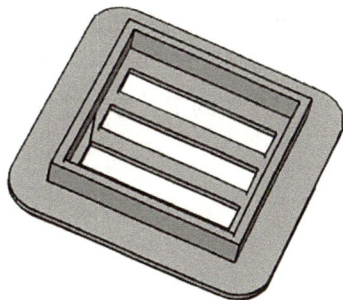

图1-1-9　某钛合金结构件的三维模型

步骤2　数据处理

将结构件的三维模型导入切片软件中，软件把模型切成二维层片，切割平面与Z轴垂直。切片时每层的厚度对制件质量及成型时间有重大影响。切片厚度越小，"台阶效应"越不明显，精度越高；但是切片厚度不是越小越好，厚度太小，会大大增加成型难度和成型时间。切片厚度需要根据不同机型和制件特征来调整，而厚度的选择取决于成型件的性能和3D打印设备的精度。

▶ **步骤3**　设备准备

所有的增材制造设备都有一些必要的加工参数需要设置。有些增材制造设备是专门为某几种材料设计的，需要设置的参数非常少，使用过程中仅需要改变几个打印参数，如分层厚度等；而有一些增材制造设备需要设置的参数比较多，用户可以通过操作软件实现材料的选择、打印速度的设定以及低污染打印模式等参数的设定。数据处理完成后，需要开启打印机，做好打印前的准备工作，并对模型进行检测，若模型有错须及时返回修改。

▶ **步骤4**　打印

切片转化完成之后，系统将根据切片时设定的每层厚度确定各层的高度位置，按照切片的二维平面图形进行打印加工。每打印完一层，成型平面相对于成型喷丝头就下降一层，然后继续执行下一层打印，以此类推。在此过程中，只要选择合适的技术参数（如温度、速度、填充密度等），就能确保层与层之间黏连良好，即可保证逐层叠加打印成型。在加工过程中只要系统没有检测到错误，零件一般可以顺利地完成加工。飞机通风板模型的3D打印如图1-1-10所示。

图1-1-10　通风板模型的3D打印

▶ **步骤5**　后处理

零件通过增材制造工艺制作完成之后，需要将零件周边的多余材料清理干净，并将零件与制造平台分开。一般的后处理方式有打磨、浸喷树脂、瞬时高温气流和溶剂蒸气等。后处理常用的工具有尖嘴钳、起型铲、锉刀、砂纸和手套等，如图1-1-11所示。

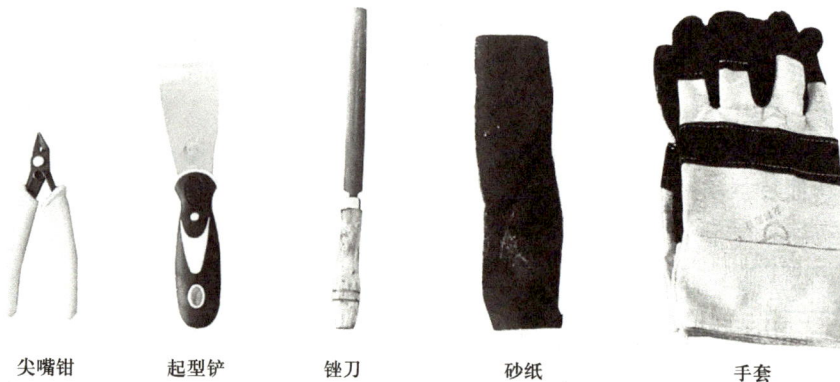

尖嘴钳　　　起型铲　　　锉刀　　　砂纸　　　手套

图1-1-11　后处理常用工具

问题情境

问题　3D打印后的制件为何需要后处理？

提示：由于成型原理不同，经3D打印成型的实体有时还需要进一步的后处理，如去除支撑、打磨、组装、拼接、上色喷漆甚至二次固化等，以提高产品的质量。后处理之后，就可以得到所需产品了。

五　学习结果评价

请将学习结果评价填入表1-1-4中。

表1-1-4　学习结果评价

序号	评价内容	评价标准	评价结果
1	了解FDM打印原理和SLA打印原理	能正确说出FDM打印原理和SLA打印原理（2分）	
2	了解FDM设备和SLA设备	能正确说出2种以上FDM设备和SLA设备及其基本组成（2分）	
3	了解FDM技术和SLA技术的优缺点	能简述FDM技术和SLA技术的优缺点（2分）	
4	了解增材制造工艺流程	能正确说出增材制造工艺流程（4分）	
总分（10分）			

六　拓展阅读

3D打印汽车Strati

Local Motors公司在芝加哥公开展示了世界首辆3D打印汽车Strati，如图1-1-12所示。Strati全车有大约40个零部件。除了动力传动系统、悬架、电池组、轮胎、电气系统和挡风玻璃外，底盘、仪表板、座椅和车身在内的余下部件均由3D打印机打印，所用材料为碳纤维增强热塑性塑料。由电池组供电的动力系统可以提供100千米左右的续航里程。

图1-1-12　3D打印汽车Strati

课后作业

职业能力编号:＿＿＿＿＿＿＿＿＿＿＿＿＿＿＿＿＿＿＿＿

班级:＿＿＿＿＿＿＿＿   姓名:＿＿＿＿＿＿＿＿   日期:＿＿＿＿＿＿＿＿

1. 简述熔融沉积成型原理和立体光固化成型原理的区别。

2. 简述熔融沉积成型技术和立体光固化成型技术的优缺点。

3. 简述增材制造技术的工艺流程。

职业能力 1-1-3
能根据加工的制件选择材料

一 核心概念

1 增材制造材料

增材制造材料是指用于增材制造过程中所需的原材料。这些材料通常以粉末、液体或丝状等形式存在。不同的增材制造技术和应用领域对材料的要求也有所不同。对于航空航天领域的增材制造，常用的材料包括钛合金（图1-1-13）、铝合金和不锈钢等；而对于生物医学领域的增材制造，生物可降解材料［如聚乳酸（polyactic acid，PLA）（图1-1-14）和聚丙烯酸（polyacrylic acid，PAA）（图1-1-15）］被广泛应用。

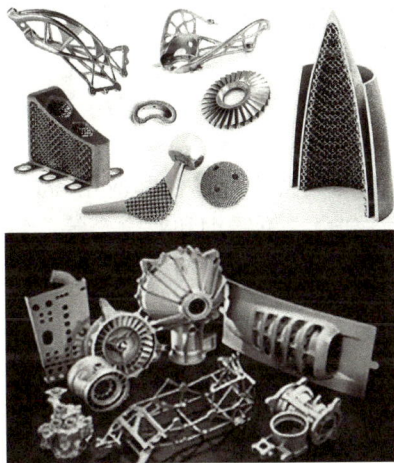

图1-1-13　钛合金材料

图1-1-14　PLA

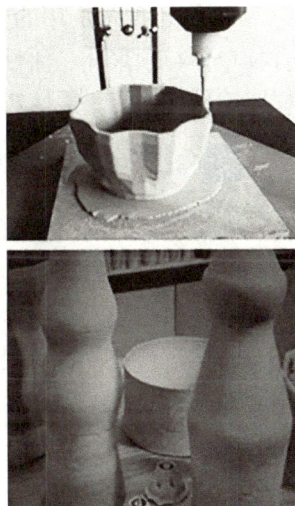

图1-1-15　PAA

2 增材制造材料分类

目前增材制造材料主要分为有机高分子材料、金属材料和无机非金属材料。由于增材制造技术与传统制造技术的方式和原理不同，材料成为增材制造技术发展的主要瓶颈，同时也是突破创新的关键点和难点所在，只有开发出更多的材料，才能拓展增材制造技术的应用领域。3D打印所用的原材料是针对增材制造设备和工艺专门研发的，与普通的塑料、石膏、树脂等有所区别，其形态一般有丝状、粉末状、层片状和液体状等。

二　学习目标

- 能简述增材制造材料的概念。
- 能说出常见的增材制造材料。
- 能说出有机高分子材料、金属材料和无机非金属材料的分类。
- 能正确选择增材制造材料。

三　基本知识

1　3D打印用的有机高分子材料

有机高分子材料有很多优异的性能，如可塑性强、硬度大、耐热、耐磨、耐腐蚀等，是3D打印技术中用量最大、应用范围最广、成型方式最多的材料。如光敏树脂、PLA、PAA等均属于有机高分子材料。

3D打印技术所用的光敏树脂具体组成虽各有不相同，但都有几个基本组成部分：聚合物单体与预聚体、活性稀释剂、光引发剂。从使用的特性分类，光敏树脂主要包括通用树脂、硬性树脂、柔性树脂、弹性树脂、高温树脂、日光树脂和生物相容树脂。

2　3D打印用的金属材料

在3D打印中，使用的金属材料种类繁多，每种材料都有其特定的属性和应用场景。目前，应用于3D打印技术的金属材料主要有钛合金、钴铬合金、不锈钢和铝合金等。每种金属材料在制造中的性能都会受到3D打印技术工艺的影响。选择合适的金属材料和工艺对于实现最终产品的性能要求至关重要。随着技术的发展，新的金属材料和3D打印技术也在不断涌现，进一步扩大了金属增材制造的应用范围。

3　3D打印用的无机非金属材料

用于3D打印的无机非金属材料包括氧化锆、氧化铝、磷酸三钙、碳化硅、碳硅化钛、陶瓷前驱体等，成型的方法有喷墨绘图（ink-jet printing，IJP）技术、SLA技术、直写成型（direct ink writing，DIW）技术、激光选区烧结（selective laster sintering，SLS）技术、分层实体制造（laminated object manufacturing，LOM，也称为薄材叠层快速成型）技术等。在实际生产制备过程中需平衡周期、经济成本、精度、尺寸等多方面因素，选择合适的无机非金属材料进行3D打印。

无机非金属材料成型方法有如下几种。

（1）IJP技术原理简单，打印头成本低，易产业化，但是墨水配制需要粉末粒径均匀、不发生凝聚、流动性好、高温化学性能稳定。使用IJP技术的喷墨打印头易堵塞，墨水液滴大小会限制打印最大高度。

（2）3DP技术能够大规模成型出陶瓷零件，成本较低，但黏结剂强度不高导致部件强度有限，难以制备出力学性能优良的陶瓷零件。

（3）SLA技术成型精度极高，可制备几何形状极其复杂的零件，得到的陶瓷零件烧结后密度高，性能优异，但需设置支撑结构，后处理麻烦。

（4）与SLA技术不同，DIW技术不需要紫外光和激光辐射，常温下即可成型，且可配制高含量均匀稳定的陶瓷悬浮液，经烧结后可获得高致密化烧结体。陶瓷悬浮液中，水基陶瓷悬浮液稳定性差，保存周期短；有机物基陶瓷悬浮液稳定性高，但需增加低温排胶过程，提高了制造成本。

（5）SLS技术不需要支撑结构就可制备复杂陶瓷零件，但受黏结剂铺设密度限制，陶瓷制品密度不高。

（6）LOM技术成型速率高，不需要设计支撑结构，但后处理工序烦琐，成型坯体各向力学性能差别大。

陶瓷材料各3D打印成型方法比较见表1-1-5。

表1-1-5   陶瓷材料3D打印成型方法比较

成型方法	IJP	3DP	SLA	DIW	SLS	LOM
原材料	陶瓷墨水	陶瓷粉	陶瓷树脂浆料	陶瓷悬浮液	陶瓷粉	陶瓷片
成型尺寸	小	大	小	大	大	大
成本	低	低	高	低	高	高
支撑结构	不需要	不需要	需要	需要	不需要	不需要
复杂性	复杂	复杂	简单	简单	复杂	复杂
二次处理	不需要	不需要	需要	不需要	需要	不需要
激光	不需要	不需要	需要	不需要	需要	需要

四 能力训练

选择增材制造材料时要考虑到多个因素，如材料的力学性能、耐高温性能、化学稳定性、可加工性以及成本等。不同材料具有各自的优势和局限性，因此在选择时应根据具体应用需求进行评估和取舍。总的来说，增材制造材料是增材制造技术运用的关键支撑，它的发展和创新将为多个领域带来突破和进步。

只有了解用于3D打印的有机高分子材料、金属材料以及无机非金属材料的性能，才能选择适合加工制件的材料。

▶ **步骤1**   了解有机高分子材料的性能

（1）工程塑料。工程塑料具有力学性能佳、耐热性好以及加工性能好等优点，其起步较早、使用广泛，研究成熟，是3D打印技术的主选材料。常见的有丙烯腈-丁二烯-苯乙烯共聚物（acrylonitrile butadient styrene，ABS）、PLA、聚碳酸酯（polycarbonate，PC）等。图1-1-16是使用工程塑料打印的模型。

图1-1-16　使用工程塑料3D打印的行星齿轮和车链模型

　　（2）光敏树脂。光敏树脂主要由聚合物单体与预聚体等组成，其中加有光（紫外光）引发剂（又称光敏剂），在波长范围250～300nm的紫外光照射下能立刻引起聚合反应完成固化。光敏树脂一般为液态，固化速度快、表面干燥性能优异，可用于制作高强度、耐高温、防水的零件，成型后产品外观平滑，可用于打印高质量的零件，图1-1-17所示是用光敏树脂材料打印的模型。从分子学角度来看，光敏树脂的固化过程是从短的小分子单体向长链大分子聚合体转变的过程，其分子结构发生很大变化，因此会发生收缩现象。通常，这种固化过程中的体积收缩率约为10%，线收缩率约为3%。光敏树脂需要避光存储，有刺激性气味，需要在通风良好的工作环境下使用。

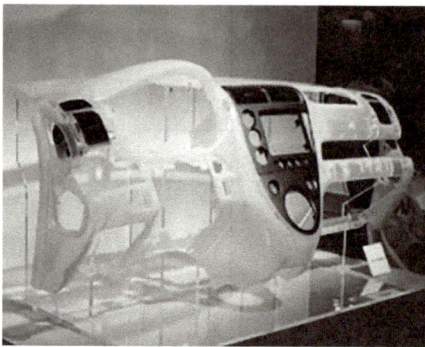

汽车面罩原型

图1-1-17　光敏树脂打印的模型

　　（3）医用高分子材料。在生物医疗领域，3D打印技术已成功使用有机高分子材料制得细胞、组织、器官以及个性化组织支架等模型。人工骨组织、人工软骨组织、人工神经组织以及个性化的人工器官等都属于生物材料支架，这些被短期或是长期植入人体中的材料要有优良的生物相容性和可降解性，并应具有一定的孔隙率和适合的力学强度、弹性模量等。目前常用于SLA技术制备生物可降解支架的高分子材料包括光敏分子修饰的聚富马酸二羟丙酯（poly propylene fumarate，PPF）、聚己内酯（polycaprolactone，

PCL），以及蛋白质、多糖等天然高分子。可生物降解水凝胶是一种带有亲水基团的三维聚合物，以水为介质，在亲水基团的作用下大量吸水膨胀的同时能维持良好的外观表面，其力学性能与人体软组织类似，医疗领域中较多用在药物的可控释放系统和构建组织工程支架。

▶ **步骤2**　了解金属材料的性能

（1）钛合金。钛合金具有优良的强韧性、耐蚀性，且密度低，在航空航天和汽车制造领域有着理想的应用。此外，由于其强度高、模量低、抗疲劳性强等优点，也被广泛用于生物医学植入物的生产。

（2）铝合金。用于3D打印技术的铝合金主要有AlSi12和AlSi10Mg两种。AlSi12是一种轻质材料，具有良好的耐热性能，可用于换热器等薄壁零件或其他汽车零部件的制造，也可用于航空航天等工业原型机及零部件生产。纯铝粉末中加入Si、Mg等元素后，具有更高的强度和硬度，成型件的耐热性能好、重量轻，特别适用于制作薄壁、复杂的几何零件。

（3）贵金属材料。随着3D打印产品在时尚界的影响力越来越大，世界各地的珠宝、首饰设计师也越来越青睐这一技术。在珠宝行业，3D打印技术常用的贵金属材料有金和银等。

▶ **步骤3**　了解无机非金属材料的性能

以陶瓷材料为代表的无机非金属材料，具有高强度、高硬度、耐高温、低密度、化学稳定性好、耐腐蚀等优异特性，在航空航天、汽车制造、生物医疗等领域有着广泛的应用。应用于3D打印技术的陶瓷材料包括氧化锆、氧化铝、磷酸三钙、碳化硅、碳硅化钛、陶瓷前驱体等。

问题情境

问题　3D打印技术是否能打印出食物？

提示： 3D打印技术可以用于打印食物。专门设计的用于食品3D打印的打印机可以使用多种食材作为原料，如巧克力、面团、糖浆等。这些食材会通过特殊设计的喷头逐层地打印出所需的形状，最终形成食品。除了常见的食材外，一些先进的食物3D打印技术还可以利用蛋白质、胶体等可食用原料进行打印，这种技术可以实现更复杂的食物结构和口感，同时满足个性化定制的需求。

五　学习结果评价

请将学习结果评价填入表1-1-6中。

表1-1-6　学习结果评价

序号	评价内容	评价标准	评价结果
1	了解增材制造材料的概念	能正确说出增材制造材料的概念（2分）	
2	了解常见的增材制造材料	能说出常见的增材制造材料（2分）	
3	了解有机高分子材料、金属材料和无机非金属材料	能分别说出几种有机高分子材料、金属材料和无机非金属材料（3分）	
4	了解增材制造材料的选择	能正确选择合适的增材制造材料（3分）	
总分（10分）			

六　拓展阅读

3D打印技术的突破

在医疗领域，生物3D打印技术取得了重要突破。美国康奈尔大学研究人员通过生物3D打印技术，使用牛耳细胞成功制备出了人造耳朵，这种人工器官能移植到患有先天性畸形儿童的身体中。德国的金特·托瓦尔（Günter Tovar）通过生物3D打印技术成功地制作出了接近于人类血管的直径极其细小的人造血管，更突出的特点就是它的功能也与人体自身血管相似。我国青岛尤尼科技有限公司利用自主研发的3D打印机，使用PCL材料，通过材料梯度和打印结构梯度的调整，调节材料配比和打印参数，打印出具有一定强度的不同尺寸的组织工程胆管，如图1-1-18所示。

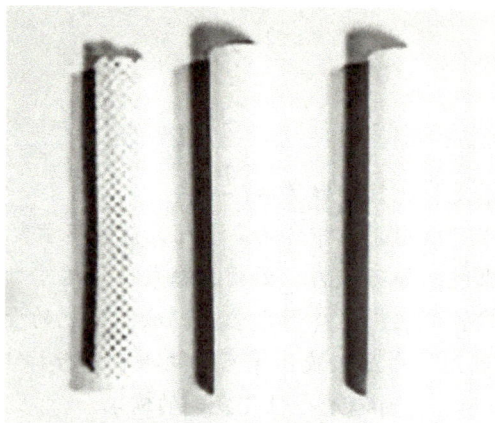

图1-1-18　PCL材料打印的组织工程胆管

课后作业

职业能力编号：_____

班级：_____　　　姓名：_____　　　日期：_____

1．常见的增材制造材料有哪些类型？

2．如何选择制件的加工材料？

3．除了本书中的材料，你还知道哪些3D打印材料？

模块 2

飞机通风板模型的制作

    FDM技术是一种将各种热熔型丝状材料（如ABS、尼龙等）加热熔化成型的方法，是3D打印技术的一种。本模块以飞机通风板模型（图2-0-1）的制作为例，学习FDM打印机的使用、三维建模和切片软件的使用、FDM后处理和FDM打印机的维护与保养。

图 2-0-1　飞机通风板模型

▷ 模块学习目标

1. 掌握FDM打印机的使用方法；
2. 掌握三维模型的构建及切片软件的使用方法；
3. 能独立完成打印并及时解决打印中出现的问题；
4. 能完成FDM后处理及FDM打印机维护与保养。

任务 2-1 FDM打印机的使用

职业能力 2-1-1
能掌握FDM打印机基本操作

一 核心概念

1 LED 呼吸灯

LED呼吸灯是一种常见的照明和装饰元素，它的亮度会缓慢地变化，类似呼吸的节奏，在3D打印机中，LED呼吸灯常用来指示打印机的当前状态。

2 初始化

初始化在计算机编程中指为数据对象或变量赋初值，如何初始化则取决于所使用的程序语言以及所要初始化的对象的存储类型等属性，用于进行初始化的程序结构则称为初始化器或初始化列表。初始化和变量声明是有明显区别的，而且变量声明先于初始化，但两者在实践中仍常被混淆。

二 学习目标

- 能简述FDM打印机工作原理。
- 掌握FDM打印机基本操作。
- 掌握FDM打印机的打印技巧。

三 基本知识

1 FDM打印机工作原理

FDM技术采用丝状的材料作为加工物质，成型设备主要由送丝机构、喷头、工作台、运动机构以及控制系统组成。喷头装置在计算机的控制下做X-Y方向的平面运动，而工作台做Z方向的运动。丝状的热塑性材料由供丝机构送至喷头，并在喷头中加热至熔融态，然后被选择性地涂覆在工作台上，快速冷却后形成加工工件的截面轮廓。当一层成型完成后，工作台下降一层截面的高度，喷头再进行下一层的涂覆，如此循环，最终形成三维实体，如图2-1-1所示。

2　FDM挤出过程

通过控制FDM打印机喷头加热器，直接将材料加热熔化，采用一对夹持轮将丝材插入加热腔入口，电机带动驱动轮，驱动轮旋转将丝材送往喷头内，最终把熔融态的材料从喷嘴中挤出，如图2-1-2所示。

图2-1-1　FDM打印机的工作原理

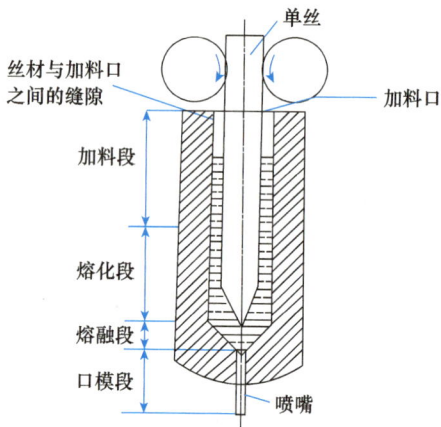

图2-1-2　FDM打印机喷头

3　FDM工艺对材料的要求

（1）能承受一定高温。

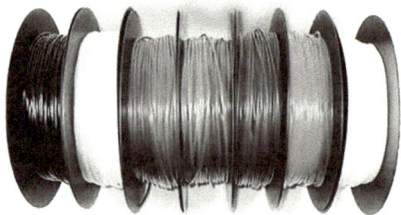

图2-1-3　ABS丝材

（2）与成型材料不浸润，便于后处理。

（3）具有水溶性或者酸溶性。

（4）具有较低的熔融温度。

（5）流动性好。

根据以上要求，目前市场上主要的FDM材料包括ABS（图2-1-3）、PLA、PC、聚丙烯（polypropylene，PP）、合成橡胶等。

（四）能力训练

为完成飞机通风板模型的FDM打印，下面学习FDM打印机基本操作，以UP BOX＋型号的FDM打印机为例进行操作说明。

需要使用FDM打印机、计算机和放置设备的平台。

▶ 步骤1 认识打印机控制按钮

打印机的右侧有3个控制按钮，如图2-1-4所示。

（1）左边按钮长按的作用是初始化，双击是重复打印，单击是开启照明。

（2）中间按钮长按的作用是挤出丝材，双击是撤出丝材，单击是平台加热。

（3）右边按钮长按是停止打印，双击是暂停/恢复打印，单击是机内照明开/关。

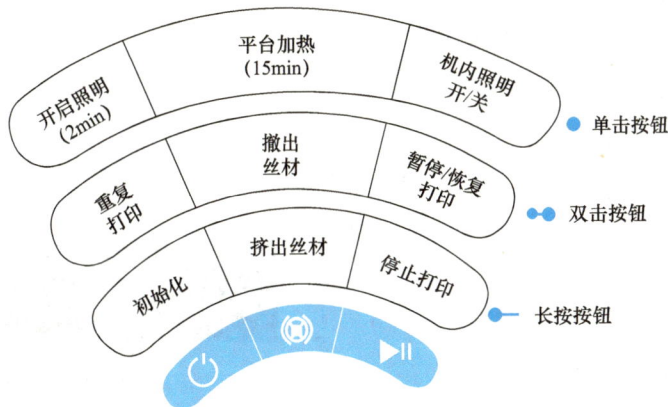

图 2-1-4　打印机控制按钮

▶ 步骤2 初始化

机器每次打开时都需要初始化。在初始化期间，打印头和打印平台缓慢移动，并会触碰到*XYZ*轴的限位开关。这一步很重要，因为打印机需要找到每个轴的起点。只有在初始化之后，软件其他选项才会亮起供选择使用。

初始化的两种方式：

（1）通过长按图2-1-5中的初始化按钮，可以对UP BOX＋打印机进行初始化。

（2）当打印机空闲时，长按打印机上的初始化按钮也会触发初始化。

初始化按钮的其他功能：

（1）停止当前的打印工作：在打印期间，长按该按钮。

（2）重新打印上一项工作：双击该按钮。

初始化按钮

图 2-1-5　初始化按钮

检查LED呼吸灯和前门

当打印完成时，LED呼吸灯将显示为红色，表示打印完成，如图2-1-6所示。在这种情况下，机器将不会响应任何命令或开始新打印任务。这是为了预防误操作导致打印头撞击打印物体。为恢复至正常状况，必须在完成打印之后打开前门。

睡眠模式：当机器空闲2min以上并未初始化时，机器将进入睡眠模式，如图2-1-7所示。单击初始化按钮可退出睡眠模式。睡眠模式仅在某些国家的版本中提供，如果机器未进入睡眠模式，并不意味着机器发生故障。

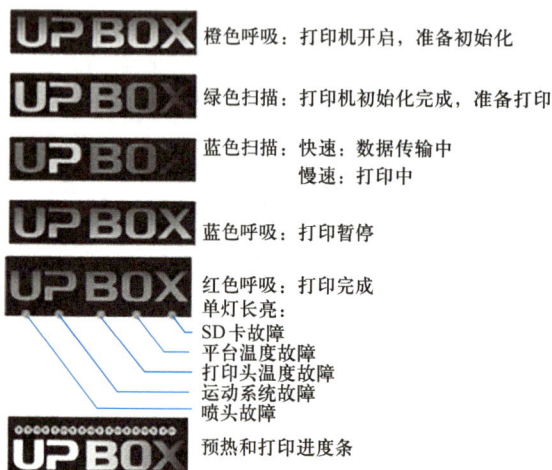

UP BOX　橙色呼吸：打印机开启，准备初始化

UP BOX　绿色扫描：打印机初始化完成，准备打印

UP BOX　蓝色扫描：快速：数据传输中
　　　　　　　慢速：打印中

UP BOX　蓝色呼吸：打印暂停

UP BOX　红色呼吸：打印完成
　　　　　单灯长亮：
　　　　　SD卡故障
　　　　　平台温度故障
　　　　　打印头温度故障
　　　　　运动系统故障
　　　　　喷头故障

UP BOX　预热和打印进度条

图2-1-6　LED灯含义

睡眠模式
进度条闪烁

图2-1-7　睡眠模式

3　打印技巧

（1）确保精确的喷嘴高度。喷嘴高度过高将造成产品变形，过低将导致喷嘴撞击平台，从而造成喷嘴损伤和堵塞。用户可以在"校准"界面手动微调喷嘴的高度，可以基于前期的打印结果，尝试加减0.1～0.2mm调节喷嘴的高度。

（2）正确校准打印平台。未调平的平台通常会造成产品翘边。在校准打印平台时，平台的热膨胀是一个重要考虑因素。为防止平台在预热后发生膨胀，校准工作须在平台预热后进行。先对平台进行充分预热，可以使用"打印"界面中的预热功能。平台的充分预热对于打印大型零部件不产生翘边问题至关重要。

（3）通过旋转气流调节杆更改打印物体的受风量。通常情况下，冷却越充分，打印质量越高。冷却还有助于基底和支撑结构更好剥离；但是冷却可能导致打印模型翘边，特别是ABS材料更易发生。简单来讲，对于PLA材料，可完全打开通风导管；对于ABS材料，可以关闭通风导管；对于ABS＋材料，推荐半开通风导管。通风导管关闭和打开状态如图2-1-8所示。

（4）无基底打印。强烈建议在正常打印时使用基底，因为它可以使打印的物体更好地贴合在平台上，而且自动调平须打印基底才能生效，因此默认情况下该功能为打开。用户可以在"打印设置"界面中将其关闭。

（5）无支撑打印。用户可以选择不生成支撑结构，可以通过在"打印设置"界面中选择"无支撑"，关闭支撑。

虽然选择了"无支撑"选项以关闭支撑，但是仍将产生10mm厚的支撑提供稳定的基座，如图2-1-9所示。

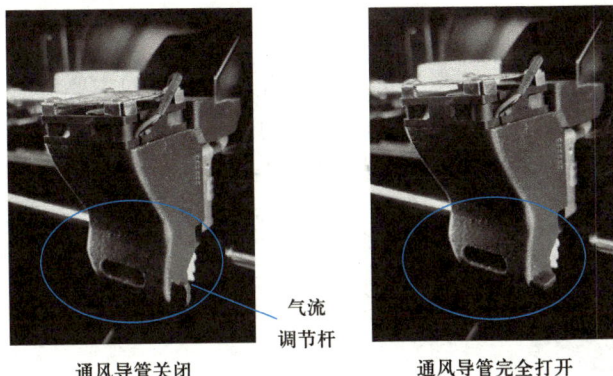

通风导管关闭　　　　　通风导管完全打开

图2-1-8　通风导管的关闭与打开状态

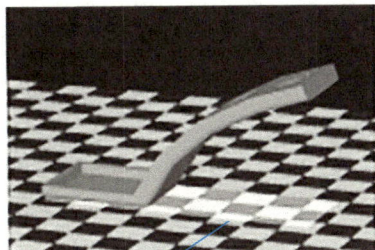

10mm厚的支撑底座

图2-1-9　无支撑打印

问题情境

问题　如何确保FDM打印精度？

提示：①调整平台温度：确保平台温度均匀且稳定；②使用高质量的耗材：选择质量好、尺寸精确的耗材可以减少层间间隙和翘曲现象；③精确设置Z轴高度：调整Z轴的高度以保证每层之间的连接紧密无误；④控制打印速度：适当降低打印速度有助于减小热胀冷缩的影响，从而提高打印精度；⑤打印前进行预处理：对模型进行适当清理和优化，去除不必要的支撑结构等，有助于提高打印效果。

五　学习结果评价

请将学习结果评价填入表2-1-1中。

表2-1-1　学习结果评价

序号	评价内容	评价标准	评价结果
1	了解FDM打印机工作原理	能说出FDM打印机工作原理（3分）	
2	了解FDM打印机基本操作	能掌握FDM打印机基本操作（3分）	
3	了解FDM打印机的打印技巧	能掌握FDM打印机的打印技巧（4分）	
总分（10分）			

六　拓展阅读

3D打印机的广泛应用

随着国产3D打印机的崛起，如今市面上的3D打印机也在不断地平民化，一些公司、学校、工厂、研究机构都购置了3D打印机。

3D打印机都可以做些什么，用在什么领域呢?

就目前来说，以塑料作为耗材的3D打印机在市场上的应用非常广泛，它的主要应用于设计阶段，可以帮助用户将自己所想的设计变为可触及的实物，对于一些需要验证设计可行性的产品有着很好的用途。使用FDM打印机制作的作品如图2-1-10所示。

图2-1-10　FDM打印机制作的作品

（1）建筑方面。3D打印机做出的建筑模型要比传统的方法节省大量的时间成本和材料成本，一卷丝材就可以做出三或四个模型，而且其使用的材料也非常环保，打印件的外观也比较细致。

（2）汽车制造行业。它的应用主要在一些小零件或者内部结构的设计上，只需将绘制的模型通过切片软件转换为代码，导入3D打印机，即可打印出模型部件。

（3）影视行业。早期影视剧中看到的一些道具都是由手工制作的，制造过程比较费时费力且外观不够精致，有了3D打印机就可以做出一些手工无法制作的影视道具，外观更加精致，而且时间和人工成本都相对较低，大幅提升了影视剧的视觉效果。

课后作业

职业能力编号：_____

班级：_____ 姓名：_____ 日期：_____

1. 打印机控制按钮的中间按钮有哪几种作用？

- -

- -

- -

2. 打印机控制按钮的左边按钮有哪几种作用？

- -

- -

- -

3. 打印机控制按钮的右边按钮有哪几种作用？

- -

- -

- -

职业能力 2-1-2
能完成增材制造打印设备上料、下料、换料

一 核心概念

1 熔点

物质的熔点是指在一定压力下，纯物质的固态和液态呈平衡时的温度，即在该压力和熔点温度下，纯物质呈固态的化学势和呈液态的化学势相等。

2 材料的流动性

材料的流动性是指材料在受力或自身重力的作用下，能够流动或变形的能力。流动性是材料加工过程中一个非常重要的性质。

二 学习目标

- 掌握FDM打印机的上料方法。
- 掌握FDM打印机的下料方法。
- 掌握FDM打印机的换料方法。

三 基本知识

1 塑料丝材直径变化

3D打印机工作时，丝材经过送料机构的输送进入喷头，在高温作用下转化为黏流态（类似于液态），并在后续材料的持续输送压迫下而被挤出。此过程中，进出喷头的丝材直径也发生改变，一般情况下，由原始的$\phi1.75mm$转变为等同于喷嘴口的直径$\phi0.4mm$。

2 常用塑料丝材的种类

随着近几年热塑挤压材料与设备技术的发展，3D打印的塑料材料也发展迅速，从传统的几种常用的单一材料走向复合材料方向，打印出的产品甚至拥有了注塑件都难以达到的工程级性能。

下面介绍几种主要的3D打印丝材。

（1）聚乳酸（PLA）。PLA（图2-1-11）的热稳定性好，其加工温度在170～230℃，有

较好的耐溶剂性。PLA可使用多种方式进行加工，如挤压、纺丝、双轴拉伸、注射吹塑。由PLA制成的产品不仅能生物降解，而且生物相容性、光泽度、透明度、手感和耐热性方面均较好，同时还具有一定的抗菌和抗紫外线功能。在焚化PLA时，其燃烧热值与纸类相似，是传统塑料的一半，而且焚化过程不会释放出氮化物、硫化物等有毒气体，因此具有良好的安全性。

图 2-1-11　PLA 丝材

（2）丙烯腈-丁二烯-苯乙烯共聚物（ABS）。ABS是五大合成树脂之一，也是工业领域中十分常见的材料之一。ABS具有一定的化学稳定性、耐油性、刚度和硬度。ABS中的丁二烯成分使其韧性、冲击性和耐寒性有所提高，苯乙烯使其具有良好的介电性能和良好的加工性能。

（3）热塑性聚氨酯（thermoplastic polyurethane，TPU）。TPU的硬度范围广泛（从60HA到85HD），具有耐磨、耐油、透明、弹性好的特点，因此在日用品、体育用品、玩具、装饰材料等领域得到了广泛的应用。无卤阻燃TPU还可以代替软质聚氯乙烯（polyvinyl chloride，PVC），以满足越来越多领域对环保的要求。

（4）共聚酯（polyethylene terephthalate glycol-modified，PETG）。PETG是一种透明、非结晶型共聚酯，常用的共聚单体为1,4-环己烷二甲醇（cylclohexylenedimethylene，CHDM），全称为聚对苯二甲酸乙二醇酯-1,4-环己烷二甲醇酯。该材料具有突出的韧性和高抗冲击强度，其抗冲击强度是改性聚丙烯酸酯类的3～10倍，并具有很宽的加工范围，高的机械强度和优异的柔性。与PVC相比，PETG具有更高的透明度和光泽度，容易打印并具有环保优势。

（四）能力训练

为完成飞机通风板模型的FDM打印，下面学习FDM打印机的上料、下料和换料方法。

1　操作条件

需要使用PLA丝材、尖嘴钳、FDM打印机、计算机和放置设备的平台。

2　操作过程

▶ 步骤1　上料

（1）确保打印机打开，并连接到计算机。首先将耗材盘安装在3D打印机的主壳料盘盒内，安装前注意观察耗材盘上的ABS丝材有没有缠绕、打结等不良情况；然后将ABS丝材头剪成塔尖形状，如图2-1-12所示，以便穿入导丝管及进料电机孔，单击软件界面上的"维护"按钮。

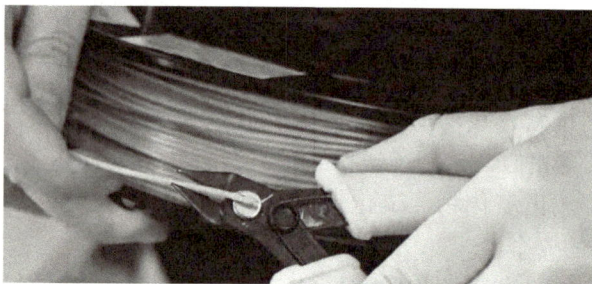

图2-1-12　将ABS丝材头剪成塔尖形状

（2）将丝材穿过导丝管，如图2-1-13所示，然后从电机小孔处穿入，一直送到喷头电机进料口。

在"类型"下拉列表框中选择所使用的材料，并在"重量"下拉列表框中选择丝材重量，如图2-1-14所示。

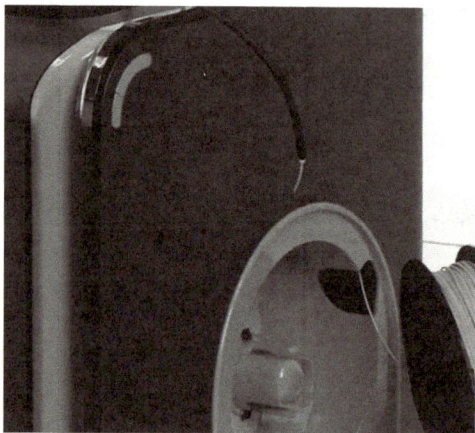

图2-1-13　丝材穿过导丝管

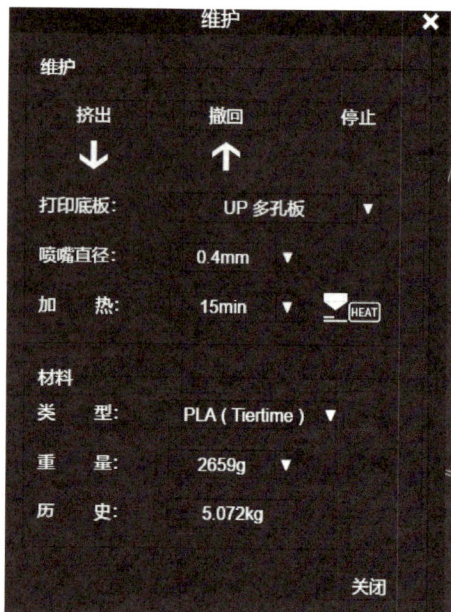

图2-1-14　输入丝材类型和重量

（3）单击"挤出"按钮。打印头将开始加热，在大约5min之后，打印头的温度将达到熔点。在打印机发出蜂鸣后，打印头开始挤出丝材，如图2-1-15所示。

（4）轻轻地将丝材插入打印头上的小孔。丝材在达到打印头内的挤压机齿轮时，会被自动带入打印头。

（5）检查喷嘴挤出情况，如果材料从喷嘴挤出，则表示丝材加载正确，可以准备开始打印，如图 2-1-15 所示（挤出成功后不用进行任何操作，会自动停止挤出）。

▶ 步骤2　下料

单击"撤回"按钮，如图 2-1-16 所示，丝材加热到 200℃以上，用手稍助力撤回即可。

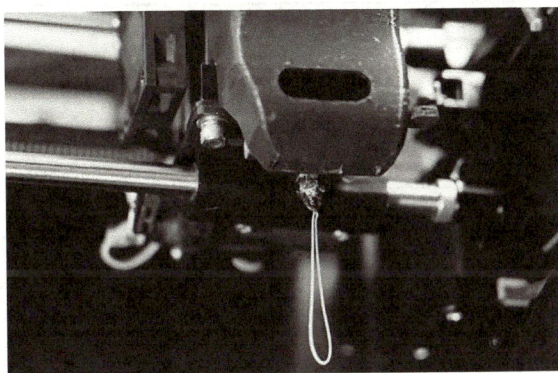

图 2-1-15　挤出丝材

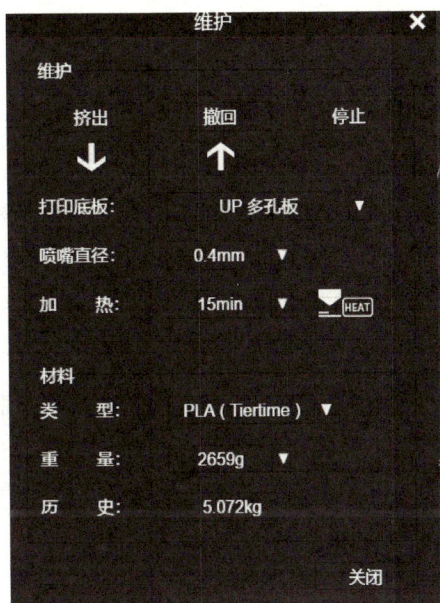

图 2-1-16　在下料步骤中单击"撤回"按钮

▶ 步骤3　换料

换料其实就是完成下料和上料两个步骤：先把材料撤回，然后更换材料再上料即可，如图 2-1-17 所示。

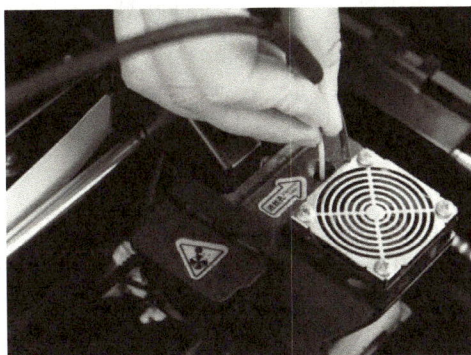

图 2-1-17　更换材料（材料撤回）

问题情境

问题　如何判断上料成功？

提示：检查喷嘴的挤出情况，如果材料能顺利地从喷嘴挤出，则表示丝材已正确加载，可以准备开始打印。

五　学习结果评价

请将学习结果评价填入表2-1-2中。

表2-1-2　学习结果评价

序号	评价内容	评价标准	评价结果
1	了解FDM打印机的上料方法	能完成FDM打印机的上料（3分）	
2	了解FDM打印机的下料方法	能完成FDM打印机的下料（3分）	
3	了解FDM打印机的换料方法	能完成FDM打印机的换料（4分）	
总分（10分）			

六　拓展阅读

3D打印材料概述

3D打印所使用的材料是专门为3D打印研发的，其形态为粉末状、丝状、层片状、液体状等，这些形态与普通材料有所区别。以粉末状打印材料为例，根据打印环境需求的不同，其粒径一般为1～100μm不等，且粉末一般要求具备较高的球形度。

1 ABS

ABS为使用最广泛的非通用塑料之一，它将丙烯腈、丁二烯和苯乙烯的性能结合起来，因此具备耐冲击、耐高低温、耐化学药品腐蚀、无毒无味等特性。此外，ABS材料易加工，并且可二次加工。

2 PLA

PLA是一种新型的生物降解材料，由可再生的植物资源（如红薯、玉米）提炼出的淀粉原料制成。它具有良好的相容性、可降解性、光泽度及抗拉强度，适用于多种加工方法，尤其是吹塑与热塑成型。

3 工程塑料

工程塑料是指被用作工业零件或外壳的塑料材料，它们具有良好的耐热性、耐冲击性、抗老化性及机械性能，主要应用于工业领域。常见的工程塑料品种有聚酰胺（尼龙）、聚苯硫酸、聚碳酸酯、聚甲醛等。

4　光敏树脂

光敏树脂是由高分子材料组成的胶状物质，它具有黏度低、固化收缩小、速率快、光敏感性高等特点。因此，使用光敏树脂成型的产品外观平滑，呈现出半透明的磨砂状效果。

5　橡胶类材料

橡胶类材料具有不同级别弹性材料的特性，特点是硬度低、断裂伸长率高、抗撕裂强度和拉伸强度大，因此非常适合应用于要求防滑或柔软外表的产品。3D 打印的橡胶产品主要有消费类电子产品、医疗设备以及汽车内饰、轮胎、垫片等。

6　金属材料

3D 打印所使用的金属粉末与常规金属不同，要求纯洁度高、球形度好、粒径分布窄和氧含量低。目前，适用于 3D 打印的金属粉末材料主要有钛合金、钴铬合金、不锈钢和铝合金等，此外，还有用于打印首饰的金、银等贵金属粉末材料。由于钛合金强度高、模量低、耐疲劳性强，广泛应用于航空航天与生物医疗领域。

7　陶瓷材料

陶瓷材料具有硬度高、密度低、耐高温、耐腐蚀等特性，被广泛应用于航空航天、汽车、生物医疗等。陶瓷颗粒越小，其外表越接近球形，陶瓷层的烧结质量就越好。由于现有工艺的限制，复杂陶瓷件的打印所需的模具复杂、成型困难、成本高，因此难以广泛应用。

8　其他材料

细胞材料是在实验室培养的细胞，其使用水基溶胶作为黏合剂；而食品材料包括加热后呈胶状的砂糖等；复合型石膏粉末，是一种全彩色的 3D 打印材料，具有易碎、坚固和色彩清晰的特点，成型后，其外表会出现细微的颗粒效果，外观类似岩石，在外表曲面会出现环状纹理。

课后作业

职业能力编号：_____

班级：_____　　　姓名：_____　　　　　日期：_____

1. 请描述FDM打印机如何上料、下料。

　　_____

　　_____

　　_____

　　_____

2. 请描述FDM打印机如何更换材料。

　　_____

　　_____

　　_____

　　_____

3. 撤回材料过程中，可直接拉出材料吗？为什么？

　　_____

　　_____

　　_____

　　_____

职业能力 2-1-3
能完成多孔板安装及平台调平

一　核心概念

1　机器调平

机器的调平是指调节热床平台与喷头之间的相对高度。调节的准确性直接影响产品的打印质量、首层打印的平面附着力及首层平整度。其高度调节过低，有可能直接导致喷头撞击热床平台，从而损坏喷头和热床；高度调节过高，首层又难以附着平台形成产品。只有确保合理的高度和平整度才能成功打印模型。

2　校准

校准是指在一定条件下，为确定计量器具、测量系统或实物量具的示值误差的一系列操作，以及它们所指示的量值与对应的由标准所复现的量值之间的关系。校准结果可用以评估计量仪器、测量系统或实物量具的准确性，或为测量标尺上的标记赋值。

二　学习目标

- 能完成多孔板的安装。
- 能对平台进行调平操作。

三　基本知识

打印机打印平台需要在以下情况发生时进行调平操作：打印模型翘边；打印模型刮蹭多孔板。

平台倾斜后需要旋转平台底部螺丝进行调整，顺时针旋转升高，逆时针旋转下降。

（1）在"平台校准"对话框，如图 2-1-18 所示，用户可单击"重置"按钮将所有补偿值设置为零；然后通过调整 9 个编号后的微调按钮将平台移动到 9 个不同的位置。

（2）用户也可以单击"移动"按钮将打印平台移动到特定高度。

（3）将打印头移动到平台中心，并将平台移动到几乎触到喷嘴（即喷嘴高度）的位置。可使用校准卡来确定正确的平台高度，如图 2-1-19 所示。

（4）尝试移动校准卡，并感觉其移动时的阻力。在平台高度保持不变的状态下移动打印头和调节螺丝，确保可以在所有 9 个位置都能感觉到近似的阻力。

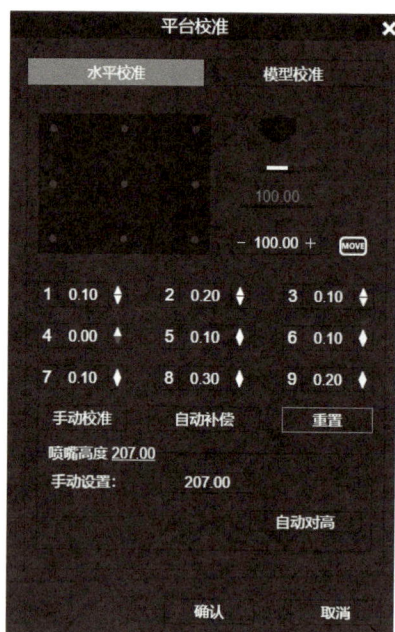

图 2-1-18   "平台校准"对话框

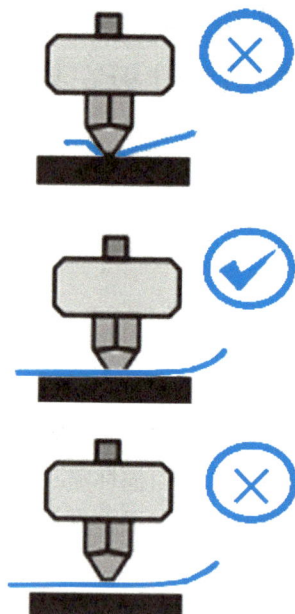

图 2-1-19   校准卡校准

四 能力训练

为完成本模块中飞机通风板模型的打印，下面学习 FDM 打印机多孔板的安装平台调平和喷嘴对高。

1 操作条件

需要使用多孔板、校准卡、FDM 打印机、计算机、放置设备的平台、电源等。

2 操作过程

▶ 步骤 1   多孔板的安装

（1）把多孔板，如图 2-1-20 所示，放在打印平台上，确保加热板上的螺钉已经进入多孔板的孔洞中。

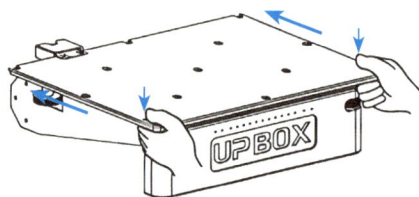

图 2-1-20   多孔板

（2）在右下角和左下角用手将加热板和多孔板压紧，然后将多孔板向前推，使其锁紧在加热板上，如图 2-1-21 所示。

（3）确保所有孔洞都已妥善紧固，此时多孔板应放平。

（4）在打印平台和多孔板冷却后安装或拆卸多孔板。

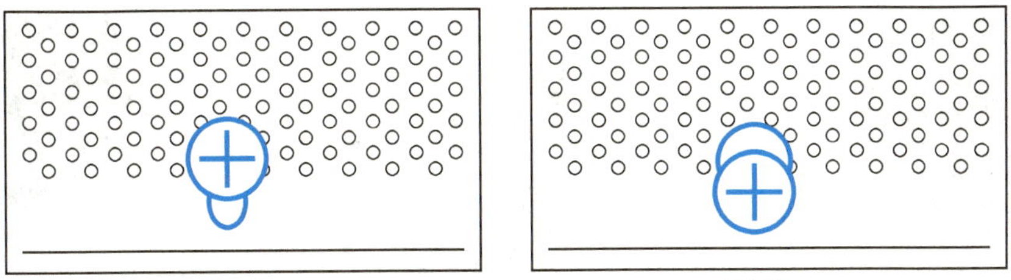

未扣紧　　　　　　　　　　　　　已扣紧

图 2-1-21　多孔板的安装

▶ 步骤 2　平台校准

（1）自动平台校准是成功打印的重要步骤，因为它可以确保第一层的良好黏附。理想情况下，喷嘴与平台之间的距离是恒定的，但在实际操作中，由于很多原因（如平台略微倾斜），喷嘴和平台间的距离在不同位置会出现差异，这可能会导致打印件翘边，甚至打印完全失败。针对上述情况，UP BOX＋打印机配备了自动平台校准和自动喷嘴对高功能，通过使用这两个功能，校准过程可以快速方便地完成，如图 2-1-22 所示。

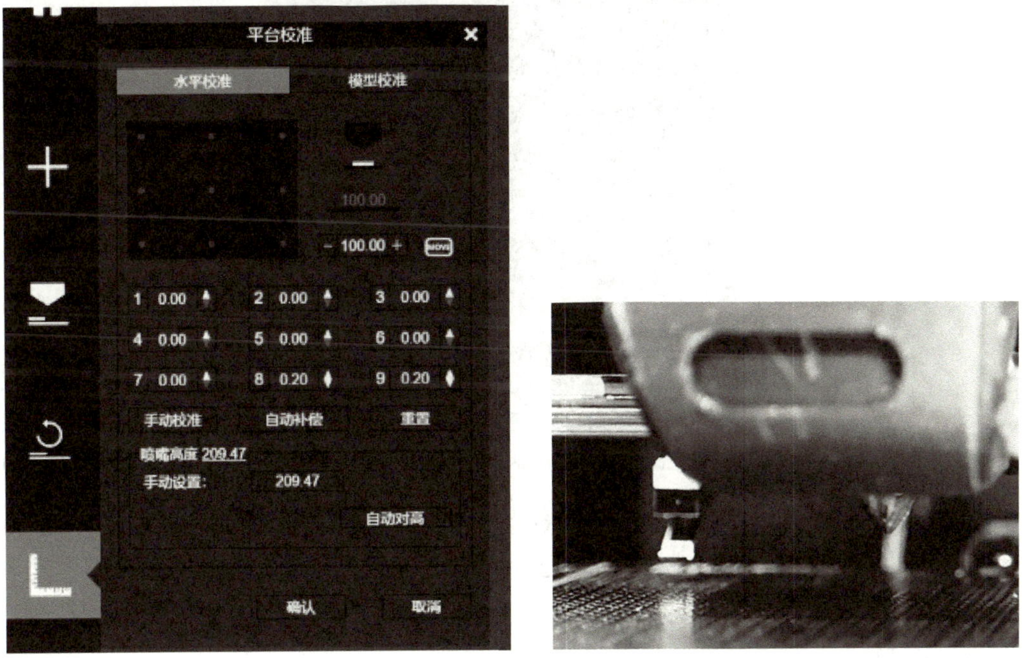

图 2-1-22　自动平台校准

① 在"平台校准"对话框中，单击"自动对高"按钮。校准探头将自动下降，并开始探测平台上的 9 个指定位置，如图 2-1-23 所示。在探测完成之后，调平数据将被更新，如图 2-1-24 所示，并储存在机器内部，调平探头也将自动缩回。

② 自动调平完成并确认后，喷嘴对高程序将会自动开始。打印头会移动至喷嘴对高

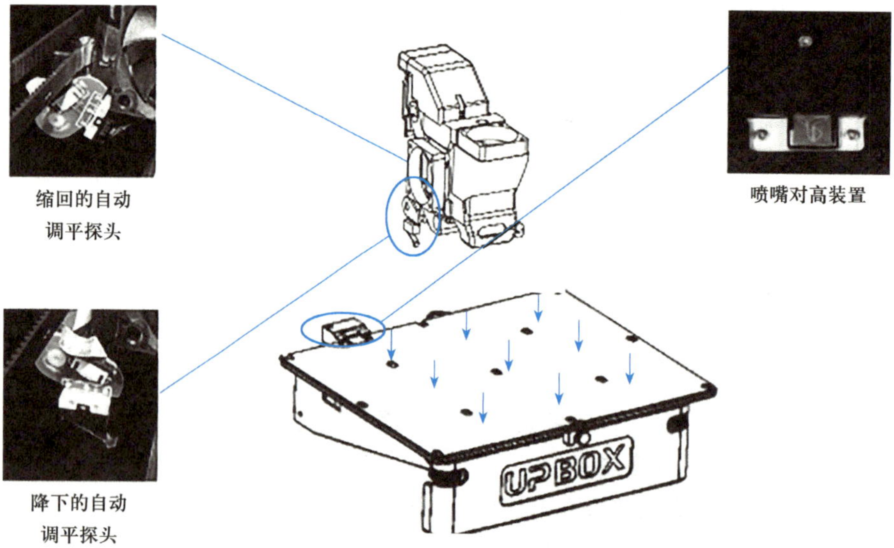

缩回的自动
调平探头

喷嘴对高装置

降下的自动
调平探头

图2-1-23　9点校准

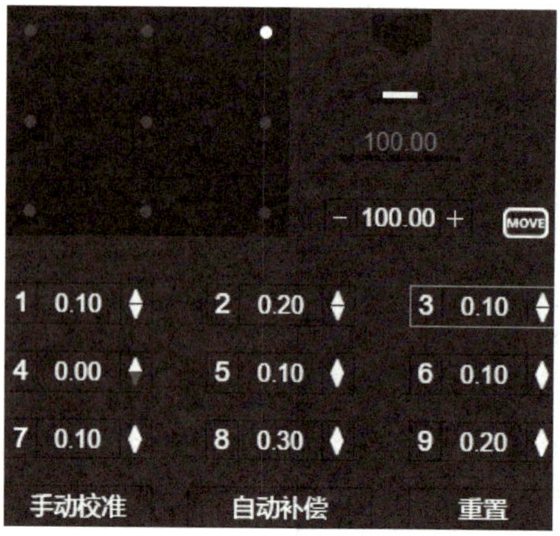

图2-1-24　更新调平数据

注：1~9序号后面各有一个数值，0.00是最高点，8后面的0.30是平台最低点。数值小于0.4即为合格，表示可以正常打印。

装置上方，最终，喷嘴将接触并轻压金属薄片以完成高度测量。

校准小诀窍：①在喷嘴未被加热时进行校准；②校准前须清除喷嘴上残留的塑料；③校准前须将多孔板安装在平台上；④平台自动校准和喷头对高只能在喷嘴温度低于80℃状态下进行。

（2）自动喷嘴对高。喷嘴对高除了在自动调平后自动启动外，也可以手动启动。在"平台校准"对话框中单击"自动对高"按钮即可手动启动该功能，如图2-1-25和图2-1-26所示。

在完成喷嘴对高之后，软件会询问在机器上使用的底板类型，选择当前使用的多孔板类型以完成对高，如图2-1-27所示。

如果在自动调平之后持续出现打印模型翘边问题，这可能是由于平台平整度严重不足

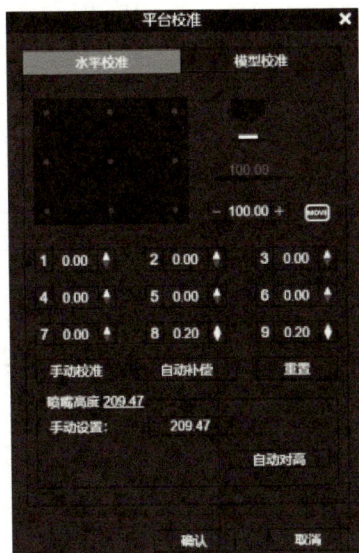

图 2-1-25　自动对高

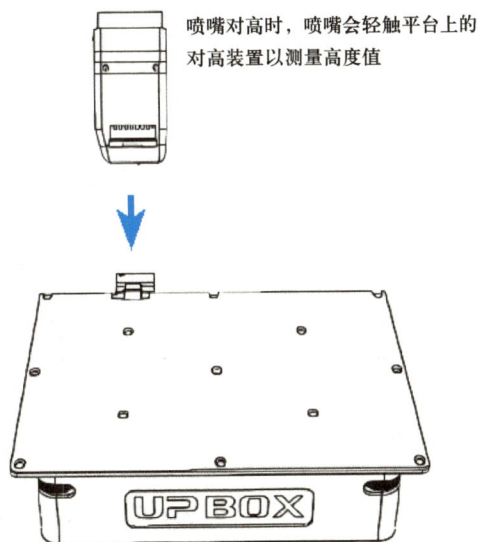

喷嘴对高时，喷嘴会轻触平台上的对高装置以测量高度值

图 2-1-26　喷嘴对高

并超出了自动调平功能的调平范围。在这种情况下，用户应当在自动调平前先尝试手动粗调。

（3）手动校准平台。通常情况下，手动粗调为非必要步骤，只有在自动调平不能有效调平时才需要进行。UP BOX＋打印机的平台下有4根手调螺杆，其中2根位于平面前方，另外2根位于平台后下方。可以通过拧紧或放松这些螺杆来手动调节平台的平度，如图2-1-28和图2-1-29所示。

选择底板类型

多孔板　　　Flex板

图 2-1-27　多孔板类型选择

图 2-1-28　4根手调螺杆

图 2-1-29　手调螺杆

问题情境

问题　什么情况下需要平台调平？

提示：①打印模型翘边；②打印模型刮蹭多孔板。

五　学习结果评价

请将学习结果评价填入表2-1-3中。

表2-1-3　学习结果评价

序号	评价内容	评价标准	评价结果
1	了解如何安装多孔板	能完成多孔板的安装（5分）	
2	了解如何进行平台调平	能对平台进行调平（5分）	
	总分（10分）		

六　拓展阅读

3D打印机常见故障及排除指南

由于3D打印机的打印速度较慢，花费的时间较长，具有严格的自控性，一旦3D打印机出现故障，正在打印的作品也会失败，浪费时间与3D打印材料。下面介绍3D打印机常见故障及其排除办法。

常见故障1　平台过低。

排除办法　加热平台是由平台下方4根调节螺杆固定的。在3D打印机工作前，如果未将平台与喷嘴之间的间隙调至合适的距离，会导致出料黏结不牢，引起打印模型翘边。若平台过低，可根据环境、耗材等因素，适当将平台与喷嘴的间隙调小。

常见故障2　喷嘴和热床温度异常。

排除办法　目前应用最为广泛的耗材为ABS和PLA线材。ABS打印温度为230℃左右，PLA打印温度为190～210℃，热床温度一般为60～70℃。若在打印过程中遇到喷嘴或热床温度异常，请参考上述温度进行调整。

常见故障3　出料口冷却不足。

排除办法　冷却风扇在出厂时已经被设定为打印全程满速运行。如遇出料口冷却不足问题，须检查风扇是否停转或转速过低。若有异常，拆下风扇，更换同型号的新风扇。

常见故障4　打印漂移。

排除办法　打印漂移又称打印错位，直接原因是打印速度设置过高。如出厂默认参数被修改，可能会导致电机过热、损坏或由于内部结构膨胀引起动态反应迟钝，最终导致失步，形成打印漂移现象。引起打印漂移的另一原因就是模型切片生成的代码错误，需要逐一排查。

常见故障5　打印无法成型，吐出来的丝像拉面。

排除办法　这是由于打印喷头与底板平台的间距过大导致，需要重新校准平台。

常见故障6　打印过程中，机器的显示屏出现乱码，或者花屏，无内容显示。

排除办法　如果打印中的模型没出现问题，请不要执行任何操作，让打印机继续打印。打印结束后，请关闭打印机，再重新开机后通常会恢复正常。此现象可能是室内连接打印机的电源线路未接地线造成，可以考虑把机器移动到连接地线正确的房间去；也有可能是由于天气干燥产生的静电造成的花屏，这个现象对机器本身没有影响。如果花屏时，打印模型已经出错，应立即关闭打印机并重启。

常见故障7　喷头不出丝，用手把丝往下按才出丝。

排除办法　首先退丝，然后将喷头加热至230℃并清理喷头。待喷头温度达到230℃时会自动流出残留物；再检查电机的齿轮是否存在磨损，如齿轮磨损可考虑更换电机齿轮。

常见故障8　喷头进丝后发出"哒哒"异响。

排除办法　如果是因为料丝没有正确插入而导致的异响，须将料丝退出，检查电机齿轮内部是否有断丝，清理后再重新进丝。

常见故障9　3D打印机打印到一半出现X轴错位现象。

排除办法　3D打印机打印到一半出现X轴错位现象，首先需要确认此时是脱机打印状态还是联机打印状态。

针对脱机打印的情况：打印模型错位可能是电机线或皮带有问题，或因电机线、开关线信号受到干扰而引起的。此时，建议多打印几个不同的模型或更换新线。一般先检查电机线插头和皮带是否松脱，检查结束后，再打印模型。如果模型依然错位，可以考虑更换新线。

针对联机打印的情况：有可能是由于通信异常引起的，比如通信突然中断等情况。

课后作业

职业能力编号：＿＿＿＿＿＿＿＿＿＿＿＿＿＿＿＿＿

班级：＿＿＿＿＿＿＿　　姓名：＿＿＿＿＿＿＿　　日期：＿＿＿＿＿＿＿

1. 说一说多孔板的安装事项。

＿＿＿＿＿＿＿＿＿＿＿＿＿＿＿＿＿＿＿＿＿＿＿＿＿＿＿＿＿＿＿＿＿

＿＿＿＿＿＿＿＿＿＿＿＿＿＿＿＿＿＿＿＿＿＿＿＿＿＿＿＿＿＿＿＿＿

＿＿＿＿＿＿＿＿＿＿＿＿＿＿＿＿＿＿＿＿＿＿＿＿＿＿＿＿＿＿＿＿＿

2. 自动校准小诀窍有哪些？

＿＿＿＿＿＿＿＿＿＿＿＿＿＿＿＿＿＿＿＿＿＿＿＿＿＿＿＿＿＿＿＿＿

＿＿＿＿＿＿＿＿＿＿＿＿＿＿＿＿＿＿＿＿＿＿＿＿＿＿＿＿＿＿＿＿＿

＿＿＿＿＿＿＿＿＿＿＿＿＿＿＿＿＿＿＿＿＿＿＿＿＿＿＿＿＿＿＿＿＿

3. 什么情况下需要手动调平？

＿＿＿＿＿＿＿＿＿＿＿＿＿＿＿＿＿＿＿＿＿＿＿＿＿＿＿＿＿＿＿＿＿

＿＿＿＿＿＿＿＿＿＿＿＿＿＿＿＿＿＿＿＿＿＿＿＿＿＿＿＿＿＿＿＿＿

＿＿＿＿＿＿＿＿＿＿＿＿＿＿＿＿＿＿＿＿＿＿＿＿＿＿＿＿＿＿＿＿＿

任务 2-2　飞机通风板模型的构建及切片

职业能力2-2-1
能使用软件完成建模

一　核心概念

1　3D建模

3D建模指利用三维建模软件（如Siemens NX、SOLIDWORKS等）在虚拟三维空间中创建出具有长度、宽度和高度的三维数据模型。

2　切片

切片是指用软件（如Cura、Simplify3D、Slic3r等）把模型文件（如*.stl、*.obj等）转换成3D打印机动作数据（gcode）。切片是将一个实体模型转化成一系列水平薄层，这是3D打印的基础，分好的层将是3D打印的路径。

二　学习目标

- 能运用UG软件。
- 能使用UG软件对通风板进行建模。

三　基本知识

UG软件是一款广泛应用于机械设计、制造等领域的强大工具，熟练使用其快捷键可以大大提高工作效率。下面介绍UG软件中一些常用的快捷键及其各自的作用。

1　【文件】菜单快捷键

（1）新建：Ctrl+N。
（2）打开：Ctrl+O。
（3）保存：Ctrl+S。

（4）另存为：Ctrl＋shift＋A。

（5）绘图：Ctrl＋P。

（6）执行→Grip：Ctrl＋G。

（7）执行→Grip调试：Ctrl＋shift＋G。

（8）执行→NX Open：Ctrl＋U。

2 【编辑】菜单快捷键

（1）撤销列表，取消当前操作：Ctrl＋Z。

（2）剪切：Ctrl＋X。

（3）复制：Ctrl＋C。

（4）粘贴：Ctrl＋V。

（5）删除：Ctrl＋D。

（6）变换：Ctrl＋T。

（7）对象显示：Ctrl＋J。

（8）移动对象：Ctrl＋Shift＋M。

（9）显示和隐藏→显示和隐藏：Ctrl＋W。

（10）显示和隐藏→隐藏：Ctrl＋B。

（11）显示和隐藏→颠倒显示和隐藏：Ctrl＋Shift＋B。

（12）显示和隐藏→立即隐藏：Ctrl＋Shift＋I。

（13）显示和隐藏→显示：Ctrl＋Shift＋K。

（14）显示和隐藏→全部显示：Ctrl＋Shift＋U。

3 【视图】菜单快捷键

（1）刷新：F5。

（2）操作→适合窗口：Ctrl＋F。

（3）操作→缩放：Ctrl＋Shift＋Z 或 F6。

（4）操作→旋转：Ctrl＋R 或 F7。

（5）操作→编辑工作界面：Ctrl＋H。

（6）可视化→高质量图像：Ctrl＋Shift＋H。

（7）信息窗口：F4。

（8）当前对话框：F3。

（9）布局→新建：Ctrl＋Shift＋N。

（10）布局→打开：Ctrl＋Shift＋O。

（11）布局→适合所有视图：Ctrl＋Shift＋F。

（12）全屏：Alt＋Enter。

四　能力训练

为完成本模块飞机通风板模型的FDM打印，下面学习通风板的建模。

1　操作条件

需要使用计算机（已安装UG软件）。

2　操作过程

飞机通风板模型的设计。

步骤1　软件开启，新建文件

单击"主页"工具栏中的"新建"按钮，或选择"菜单"→"文件"→"新建"命令，单击"确定"按钮创建一个新文件。

步骤2　创建草图

选择"菜单"下拉选项中的"文件"→"在任务环境中绘制草图"命令，创建草图。

步骤3　绘制草图

绘制边长100mm正方形，正方形分别向内偏置15mm，接着再对这个新得到的正方形偏置4mm得到两个相似正方形。在正方形中心做一个长60mm、宽8mm的矩形，再上下各偏置一个距离为12mm的矩形，最后给100mm正方形做R15mm的倒角，如图2-2-1所示。

步骤4　生成实体

如图2-2-2所示，100mm底板向下拉伸5mm，偏置15mm、4mm得到的壁厚向上拉伸12mm。底板与三个长60mm、宽8mm的矩形拉伸求差。

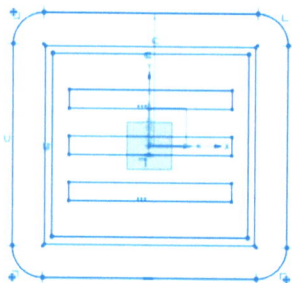

图 2-2-1　绘制的草图

图 2-2-2　生成实体

问题情境

问题　通风板模型设计时拉伸实体需要注意哪些关键点？

提示：在使用UG软件进行拉伸实体操作时，需要注意以下几个关键点：

（1）明确拉伸参数。确定起点和方向：在拉伸之前，需要清晰地指定拉伸的起点和方向。设定距离或高度：拉伸过程中，必须准确设定拉伸的距离或高度。

（2）选择合适的拉伸选项。UG软件提供了多种拉伸选项，如实体拉伸、表面拉伸、螺旋拉伸等。通风板模型应选择实体拉伸。

（3）注意坐标和方向的准确性。通风板模型在进行拉伸时，要确保所选的线条或面的方向与预期的拉伸方向一致。同时，要关注坐标系的设置，确保拉伸操作是在正确的空间内进行。

（4）避免产生无效或错误的拉伸体。检查草图完整性：在拉伸之前，务必确保所绘制的草图完整且无误。任何缺失或错误的线条都可能导致拉伸失败或产生非预期的结果。

五　学习结果评价

请将学习结果评价填入表2-2-1中。

表2-2-1　学习结果评价

序号	评价内容	评价标准	评价结果
1	了解UG软件	能初步运用UG软件（5分）	
2	了解UG软件如何对通风板进行建模	能用UG软件对通风板进行建模（5分）	
总分（10分）			

六　拓展阅读

3D建模和3D打印的区别

3D建模和3D打印是两个不同的概念。3D建模关注的是如何利用计算机技术来表现三维对象，而3D打印则是利用数字文件快速制造实体的具体过程。

1　定义

3D建模是指通过计算机软件和工具创造出虚拟的3D实体，并在不同角度呈现它们的过程；而3D打印则是将基于3D模型的数字文件转化为实际物体的过程。

2　目的

3D建模最终目的是创建一个3D模型，该模型可以用于机器人、游戏、电影动画等领域中的虚拟现实设备等；而3D打印的目标是制造实体物品。

3　技术

3D建模使用计算机图形学中相关的软件工具来把实物虚拟化为立体可视化的图像，比如使用3D Max、Maya等建模软件；而3D打印是通过预先组装好的3D打印机将设计出的3D模型逐层堆积成实体的过程。

4　物料

3D建模可以使用各种材料进行建模，其中包括金属、塑料、树脂等；而3D打印则需要特定的材料来制造具有实际物理属性的物体。

课后作业

职业能力编号：_____

班级：_____　　姓名：_____　　日期：_____

1. 使用UG软件练习通风板模型的绘制，总结绘制步骤。

----

2. 通风板模型在设计过程中应该注意哪些关键点？

职业能力 2-2-2
能对模型进行切片

一　核心概念

1　层厚

层厚关系到模型的打印质量。3D打印软件会把3D模型分层，而层厚就是每一分层的高度。层厚设定越大，模型的质量就越低，打印所需的时间就越短；相反，层厚的设定越小，模型的精度就越高，打印时间就会越长。

2　支撑结构

在3D打印过程中，支撑结构是不可或缺的组成部分，它们的主要作用是提供物理支撑。支撑结构用于维持打印模型的稳定性和位置，防止因重力作用导致的移动或变形。当打印角度大于45°时，支撑结构可以防止打印模型在打印过程中滑动或断裂。支撑结构还可以帮助控制打印过程中的温度变化，减少材料因温度变化产生的热应力，提高打印模型的耐久性和可靠性。对于具有复杂设计特征（如悬垂、孔和桥）的零件，支撑结构可以防止已成形部分的倒塌，从而提高打印成功率。支撑结构的使用取决于打印技术、材料类型和零件设计。例如，FDM技术通常需要更多的支撑，而SLS和SLA技术可能不需要或者需要少量支撑。支撑结构在打印完成后通常需要被移除，可能会对打印物体的表面造成一定影响。因此，设计合理的支撑结构对于提高打印效率和打印质量至关重要。

二　学习目标

- 熟悉切片软件的窗口。
- 能使用切片软件对模型切片。

三　基本知识

3D打印技术具有多种成型工艺但原理都是基于"分层制造，堆叠成型"的方式来实现零件的快速制造。三维模型可以通过计算机建模软件画出，或者通过扫描仪这类反求设备获得零件的数据模型文件，文件一般保存为STL格式。将三维模型文件导入上位机切片软件中，根据工艺要求设置好参数，切片软件把模型文件按照指定的厚度切成一系列的二维平面，即打印机的运动轨迹，再通过上位机把每一层的运动轨迹指令发送到打印机。打印机按照规划好的路径逐层打印获得实体模型，经过必要的处理后得到最终成品，全过程如图2-2-3所示。

简单来说，就是将三维模型按照设定的层厚进行切分，得到的每一层就可作为这个模型的一个单层切片。3D打印就是将每层切片通过各种打印工艺逐层堆叠，进而得到设计的实体。

（四）能力训练

为完成飞机通风板模型的打印，下面学习FDM打印机切片软件的基本操作。

1　操作条件

需要使用FDM打印机、UPStudio切片软件、计算机。

2　操作过程

▶ 步骤1　熟悉切片软件

UPStudio软件窗口如图2-2-4所示，模型调整轮及其功能如图2-2-5所示。

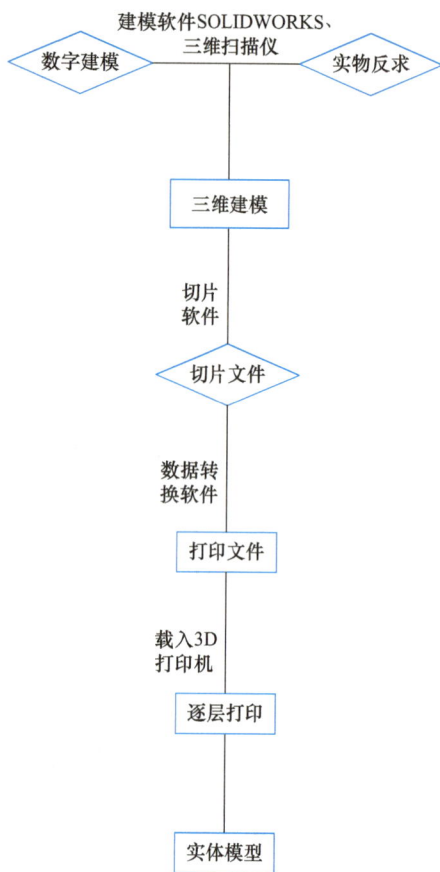

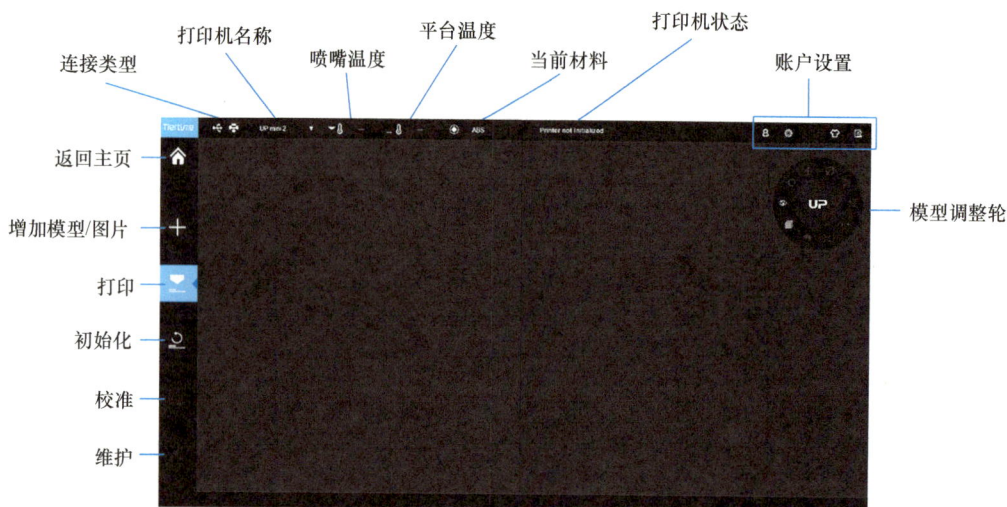

图2-2-3　三维打印成型原理

图2-2-4　UPStudio软件窗口

移动

旋转　　缩放

自动放置　UP　至第二级菜单

撤销　　透视图

镜面

保存

固定模型　删除

恢复为默认

撤销

至第一级菜单

图 2-2-5　模型调整轮及其功能

▶ **步骤2**　载入模型

（1）单击"添加模型"按钮，如图2-2-6所示。

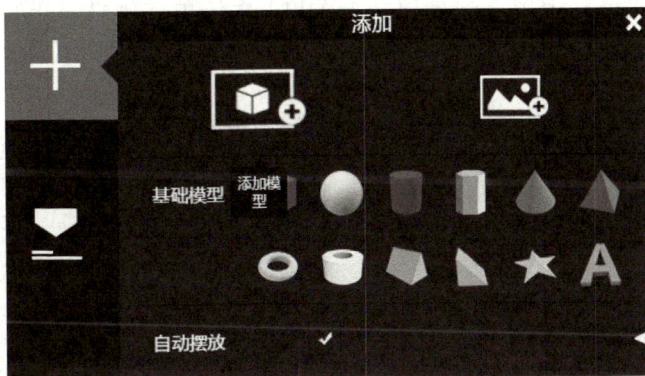

添加

基础模型　添加模型

自动摆放

图 2-2-6　载入模型

（2）选择模型，如图2-2-7所示。

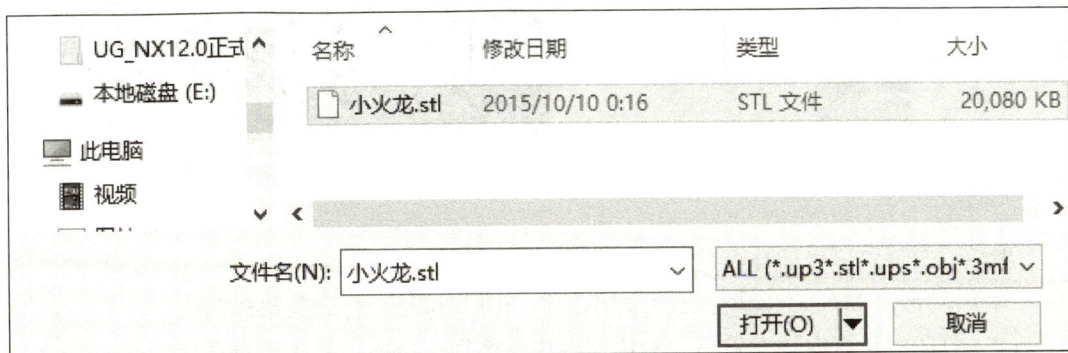

UG_NX12.0正式	名称	修改日期	类型	大小
本地磁盘 (E:)	小火龙.stl	2015/10/10 0:16	STL 文件	20,080 KB
此电脑				
视频				

文件名(N)：小火龙.stl　　　ALL (*.up3*.stl*.ups*.obj*.3mf)

打开(O)　　取消

图 2-2-7　选择模型

（3）载入的模型出现在印盘上，如图2-2-8所示。

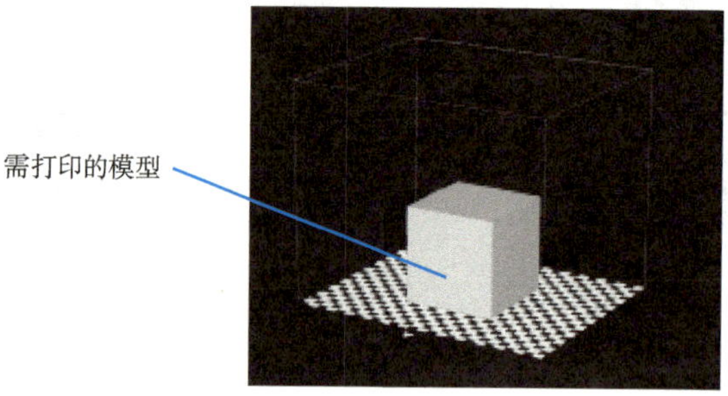

需打印的模型

图 2-2-8　载入的模型

▶ 步骤3　设置切片参数

确定打印机通过USB或无线局域网（WiFi）连接至计算机，并加载模型。单击"打印"按钮，如图2-2-9所示；打开"打印设置"对话框，如图2-2-10所示。

打印按钮

图 2-2-9　打印按钮

打印设置

层片厚度：　　0.2mm　▼

填充方式：

质　　量：　　默认　▼

补偿高度：　　0　▼　+207.00mm

非实体模型：　✓

无底座：

无支撑：

打印预览　　　打印　▼　重复打印

图 2-2-10　"打印设置"对话框

根据打印需求设置切片参数。

（1）层片厚度有多个选项，数值越小，打印时间越长，打印效果越精细。

（2）打印质量有默认、较好、较快、极快等级别，可根据具体需求选择。

（3）根据打印需求选择有无底垫。

（4）根据打印需求选择有无支撑。

（5）根据后处理需求勾选易于剥离的填充方式。

▶ **步骤4**　打印模型

在数据发送完成后，程序将在弹出的窗口中显示预计的打印时间和所需的材料重量，如图2-2-11所示。同时，喷嘴将开始加热，并自动开始打印。此时，用户可以安全地断开打印机和计算机的连接。

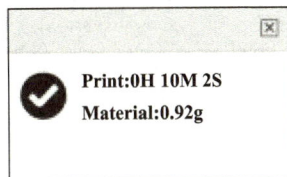

Print:0H 10M 2S
Material:0.92g

图2-2-11　打印时间和材料重量

问题情境

问题　FDM切片时填充方式、支撑方式对模型打印有如何影响？

提示：

（1）填充方式对零件打印的影响：

材料消耗与成本：不同的填充方式会导致原材料消耗量的差异。高填充率会增加材料的使用量，从而增加打印成本。

力学性能：填充方式对零件的拉伸强度、断裂伸长率和冲击强度等力学性能有重要影响。

打印时间与效率：填充率的提高会延长打印时间，因为需要更多的层数和材料来填充内部空间。

表面质量：填充方式还会影响零件的表面质量。例如，直线填充可能会产生明显的层纹和阶梯效应，而蜂窝状或其他复杂填充方式则可能减少这些缺陷，使零件表面更加光滑和平整。

（2）支撑方式对零件打印的影响：

结构稳定性：支撑结构是确保零件在打印过程中不塌陷的关键。对于悬空或倾斜的结构，必须添加适当的支撑以确保其稳定成型。

去除难度与成本：支撑结构的去除是一个既费时又费力的过程。如果支撑结构过于复杂或紧密地附着在零件上，将增加去除的难度和成本。

零件精度与完整性：支撑结构的去除可能会对零件造成一定的损伤或变形，从而影响其精度和完整性。

（五）学习结果评价

请将学习结果评价填入表2-2-2中。

表 2-2-2 学习结果评价

序号	评价内容	评价标准	评价结果
1	了解切片软件	熟悉切片软件的窗口（5分）	
2	了解切片软件如何对模型切片	能使用切片软件对模型切片（5分）	
	总分（10分）		

六 拓展阅读

3D打印中层厚的选择

目前很多3D打印都是以逐层构建零件为标准的制造方式。由于3D打印的累加制造特性，类似于像素数确定电视或计算机显示器分辨率，3D打印中每层的厚度也确定了打印分辨率。较薄的层厚度通常会使零件的表面更光滑，然而层厚越薄，所需3D打印的时间也越长。

对于设计师而言，选择美观（更光滑的表面）还是成本（节省时间）就显得尤为重要。接下来介绍在3D打印中使用不同层厚的好处和局限性。

对于某些3D打印技术，如SLS、材料喷射（material jetting，MJ）、激光选区熔化（selective laster melting，SLM）、直接金属激光烧结（direct metal laser sintering，DMLS），选择层厚不是很重要，因为它们的默认分辨率在大多数应用场景下已经够用，或者3D打印厂商已经预设了层厚。

但对于FDM和SLA 3D打印技术来说，层厚是一个重要的设计参数，它会影响打印时间、成本、外观和最终零件的物理性能。通常，以100μm和200μm层厚打印的零件之间的视觉差异很小，但100μm层厚打印的零件将花费两倍的打印时间，这将增加3D打印成本。

层厚将影响零件的垂直分辨率，并影响其平滑度。如果主要考虑视觉外观，较薄的层厚是理想的选择，因为这将使表面更光滑；但当3D打印功能型零件时，首选使用较厚的层厚，因为这将节省时间和成本，并改善力学性能。例如以300μm的层厚设定使用PLA材料制作出的零件的强度比以100μm制造的零件高约20%。

在确定层厚时，考虑是否对零件进行后处理也很重要。如果零件要打磨，使用丙酮进行平整处理或涂漆，则较高的层厚可能是更好的选择。如果零件不进行后处理，则层厚的设定并不那么重要。

课后作业

职业能力编号：_____

班级：_____　　　姓名：_____　　　日期：_____

1. 打印物体可以是中空的吗？为什么？

----

2. 打印质量的不同选择对打印时间和结果分别有何影响？

任务 2-3　飞机通风板模型打印

职业能力 2-3-1
能完成模型打印

一　核心概念

1　数字化设计

在增材制造中，物体的设计通常以数字形式存在。数字化设计是指利用计算机技术和软件工具来创建、修改、分析和优化产品或结构的设计过程。可以使用CAD软件创建这个数字化设计文件，文件中提供了关于物体的几何形状、尺寸和结构的详细信息。

2　个性化和定制制造

增材制造在个性化和定制制造方面存在巨大的潜力，由于可以根据数字设计文件的要求，逐层构建物体，从而使得生产过程更加灵活，因此可以轻松制造符合个体需求的产品。

二　学习目标

- 能完成飞机通风板模型的打印。
- 掌握FDM打印机打印模型的操作。

三　基本知识

FDM打印机打印的操作过程可分为以下几个步骤。

1　准备工作

为确保FDM打印机处于良好的工作状态，首先需要清洁打印头和打印平台，同时检查并确保所有运动部件正常运作。接下来，在计算机上使用3D建模软件设计或获取3D模型，并将其导出为打印机支持的文件格式。然后，使用切片软件将3D模型进行切片处理，生成G-code文件。在这一过程中，需要仔细设置打印参数，包括层高、填充密度、打印速度、打印温度等，以优化打印效果。

2　打印机预热

打开打印机，并预热打印头和打印床，具体温度取决于使用的打印材料。

3　载入材料

将打印材料（通常是PLA、ABS、PETG等热塑性塑料丝）装入打印机的主壳料盘盒内完成上料，并确保材料能够顺利通过打印头。

4　开始打印

将G-code文件传输到打印机，打印机开始读取G-code文件并执行打印命令。喷嘴按照G-code文件中的指令，逐层挤出热融塑料，并在打印平台上沉积形成模型。每完成一层，喷嘴会上升一层的高度，然后继续打印下一层，直到整个模型打印完成。

5　打印完成

打印机完成所有层的打印后，取下打印平台上的模型，使用工具（如铲刀、钳子等）小心地将其从打印床上移除。

6　后处理

移除模型上的支撑结构，对模型进行打磨、抛光或其他表面处理，以提高其外观和精度。

7　打印机清理

在打印完成后，清理打印头和打印平台，去除残留的塑料和支撑材料。关闭打印机，拔掉电源，确保打印机处于安全的存放状态。

（四）能力训练

分组完成飞机通风板模型的FDM打印。

1　操作条件

需要使用FDM打印机、UPStudio切片软件、打印丝材、计算机。

2　操作过程

分组对打印时间进行统计，对打印模型是否成功进行记录，并对打印出的模型存在的问题进行总结，将打印时间和问题填入表2-3-1中。

表2-3-1 打印时间及问题记录

序号	打印时间	打印模型是否成功（问题总结）
1		
2		
3		
4		

问题情境

问题 FDM打印机打印模型时的注意事项有哪些？

提示： 使用FDM打印机打印模型时，在确定了层厚、支撑等参数设置之后还需要需要注意以下几个关键事项，以确保打印过程顺利并获得高质量的打印结果。

预热操作： 在打印之前需要对打印机进行预热操作，以确保喷嘴和平台达到适当的温度。这有助于确保材料的顺利挤出和模型的良好黏结。

材料管理： 长时间未使用的丝材容易发生缠绕现象，应在打印前将其打开并按一个方向重新整齐地卷回料盘，以避免卡丝问题。

故障处理： 在打印过程中可能会遇到各种故障，如堵头、丢步等，此时应及时停机检查并采取相应措施进行处理，以避免损坏打印机或浪费材料。

五 学习结果评价

请将学习结果评价填入表2-3-2中。

表2-3-2 学习结果评价

序号	评价内容	评价标准	评价结果
1	了解通风板模型打印过程	能完成通风板模型打印（5分）	
2	掌握FDM打印机打印模型的操作技能	能掌握FDM打印机打印模型的操作技能（5分）	
	总分（10分）		

六 拓展阅读

3D打印技术：个性化生产与知识产权保护

3D打印技术为按需生产和大批量个性化生产开辟了道路。物品设计过程的数字化，使得模型的修改可以是无限次的。数字技术和物理条件的这种组合，宣告了"大众创新"时代的到来：源文件被放在网上公开，人们可以随意修改、改进和将其个性化。图2-3-1为网上下载的3D打印模型。

图 2-3-1　3D打印模型

产品的数字模型先于成品在网络上自由传播，第三方可以在未经产权所有者许可的情况下对其进行下载和"打印"，这不可避免地导致了伪造问题的出现。除了设计者，某些产业甚至可能因为3D打印技术而遭到整体性破坏。为此，相关知识产权论坛在促进创新驱动发展、加强知识产权保护、推动科技与文化创新、国际交流与合作以及解决产业发展的障碍等方面发挥着重要作用。

课后作业

职业能力编号：_____

班级：_____　　　姓名：_____　　　日期：_____

1. 总结自己在打印过程中出现的问题和解决方法。

2. 分析FDM打印机打印模型的优点和缺点。

职业能力 2-3-2
能及时解决打印中出现的问题

一 核心概念

1 模型数据预处理

模型数据预处理是准备好模型数据与将三维模型导入3D打印机之间的关键步骤。这一过程主要包括检测并修复模型数据、调整和优化模型结构、摆放模型与设置支撑等内容。

2 加热模块

FDM打印机的加热模块是其关键组成部分，主要由喷嘴、加热元件、温度传感器、散热装置组成。FDM打印机的加热模块对于打印质量和效果有着至关重要的影响。

二 学习目标

- 能解决打印中出现的简单问题。
- 掌握打印机的基本操作。

三 基本知识

打印过程中一些常见问题及解决办法见表2-3-3。

表2-3-3 常见问题及解决办法

序号	问题描述	解决办法
1	打印头和平台无法加热至目标温度或过热	初始化打印机
		加热模块损坏，更换加热模块
		加热线损坏，更换加热线
2	皮带过松	拆卸电机的固定件，将电机重新装回原先的安装位置，皮带自然绷紧
3	丝材不能挤出	从打印头抽出丝材，切断熔化的末端，然后将其重新装到打印头上
		塑料堵塞喷嘴，替换新的喷嘴，或移除堵塞物
		丝材过粗。通常在使用质量不佳的丝材时会发生这种情况
		对于某些模型，如果使用PLA材料无法打印，可切换到ABS材料

续表

序号	问题描述	解决办法
4	不能检测打印机	确保打印机驱动程序安装正确
		检查USB电缆是否有缺陷
		重启打印机和计算机
5	打印时底板无法黏住	打开设备的工具选项，在预热功能中将预定温度适当调高，在模型切片时设置平台温度，同时修改打印速度，适当降低打印速度
6	打印时拉丝严重	切片时针对不同的材料设置合适的打印温度

（四）能力训练

注意观察本任务通风板模型的FDM打印过程，如发现问题，可对照表2-3-3进行处理，做到不遗留任何问题。

1 操作条件

需要使用FDM打印机、计算机。

2 操作过程

实时观察FDM打印机打印过程，直至模型打印完成。学生记录打印过程中出现的问题，并写出解决办法，将其填入表2-3-4中。

表2-3-4　打印过程问题记录表

序号	问题	解决办法
1		
2		
3		
4		

问题情境

问题　打印中出现的简单问题有哪些？

提示：喷嘴堵塞、丝材检查、断电恢复、打印头和平台无法加热至目标温度或过热、丝材不能挤出、不能检测打印机。

（五）学习结果评价

请将学习结果评价填入表2-3-5中。

表2-3-5　学习结果评价

序号	评价内容	评价标准	评价结果
1	解决打印中出现的简单问题	能解决打印中出现的简单问题（5分）	
2	掌握打印机的基本操作，完成零件打印	能掌握打印机的基本操作，能完成零件打印（5分）	
	总分（10分）		

六　拓展阅读

FDM技术的发展历程

FDM技术是目前应用最广泛的3D打印技术之一，经历了从无到有的发展历程。

1　初始阶段（20世纪80年代末—20世纪90年代中期）

20世纪80年代末，FDM打印技术由美国学者斯科特·克伦普（Scott Gump）发明。该技术标志着第一种真正意义上的廉价桌面3D打印机的诞生，但早期FDM打印机存在打印速度慢、分辨率低的问题。FDM技术逐层堆叠原理如图2-3-2所示。

2　成长阶段（20世纪90年代中期—21世纪初）

20世纪90年代中期，FDM打印技术专利过期后，该技术开始商业化，打印机硬件、材料、分辨率等都取得了突破，如图2-3-3所示。2000年前后，FDM打印机开始用于快速原型设计，替代传统制造方法。

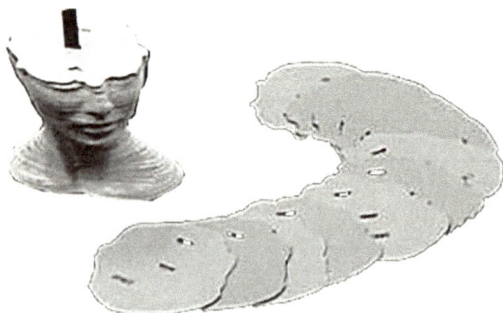

图2-3-2　逐层堆叠

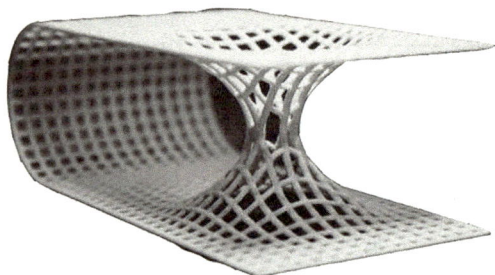

图2-3-3　FDM打印作品

3　成熟阶段（21世纪初至今）

21世纪以来，FDM打印机性能不断提升、价格持续下降，已从原型设计应用拓展到小批量生产制造。越来越多的公司进入市场，桌面级FDM打印机推动了该技术的家庭化。

近年来，FDM打印分辨率大幅提高，可使用多种工程塑料材料进行打印，如图2-3-4

所示，应用范围拓宽至汽车、航空、医疗等领域；同时，打印速度有较大幅度提升，使用组合材料可以实现复杂功能部件的一体化打印。未来，FDM技术将向多材料、高速、高精度等方向发展。

图 2-3-4　使用工程塑料打印的汽车和鞋子

📦 课后作业

职业能力编号：＿＿＿＿＿＿＿＿＿＿＿＿＿＿＿＿＿＿＿＿

班级：＿＿＿＿＿＿＿＿　　　　姓名：＿＿＿＿＿＿＿＿＿　　　　日期：＿＿＿＿＿＿＿＿

1. 总结观察通风板模型打印过程。

2. 如何避免打印过程中可能出现的问题？

任务 2-4　飞机通风板模型的FDM打印后处理及打印机的维护保养

职业能力2-4-1
能后处理模型

一　核心概念

1　快速原型后处理

快速原型后处理是指对快速成型技术制作的零件毛坯进行的一系列精加工过程，包括打磨、喷油等工序，以及支撑材料的去除，以确保最终拼接装配成完整、高质量零部件的关键步骤。在FDM打印中，有效去除支撑材料是后处理技术的核心挑战。如图2-4-1（a）所示，为FDM打印机；如图2-4-1（b）所示，为使用该打印机打印的小机器人，图中支撑材料还未去除。

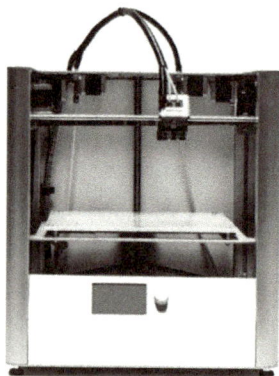

（a）FDM打印机　　　　　（b）使用FDM打印机打印的小机器人

图2-4-1　FDM打印机和其作品

2　支撑材料

支撑材料是指在3D打印过程中用于辅助打印、保持模型结构稳定的一种临时材料。这些材料在打印完成后需要被移除，以暴露出完整的零件表面和细节。支撑材料的选用和去除是3D打印后处理的重要组成部分，对最终产品的质量和精度有直接影响。

学习目标

- 能阐述模型后处理步骤。
- 能完成飞机通风板模型打印后处理工艺。

三 基本知识

1 FDM 打印后处理的工艺流程

FDM 打印后处理的工艺流程如图 2-4-2 所示。

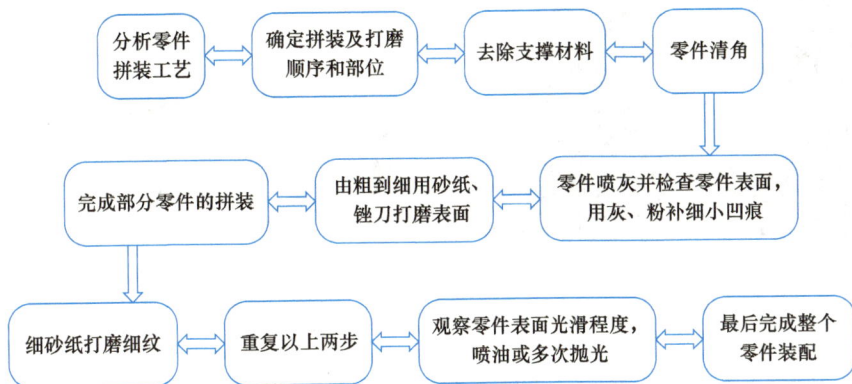

```
分析零件        确定拼装及打磨       去除支撑材料        零件清角
拼装工艺   ⟷   顺序和部位    ⟷                ⟷

完成部分零件的拼装  ⟷  由粗到细用砂纸、  ⟷  零件喷灰并检查零件表面，
                      锉刀打磨表面          用灰、粉补细小凹痕

细砂纸打磨细纹  ⟷  重复以上两步  ⟷  观察零件表面光滑程度，  ⟷  最后完成整个
                                    喷油或多次抛光            零件装配
```

图 2-4-2　FDM 后处理的工艺流程

2 FDM 打印后处理的主要步骤

（1）对零件进行后处理的第一个主要步骤就是剥离支撑材料，此时可以使用剪钳、镊子、铲刀等工具，同时，可以对较大的凸痕用铲刀和刮刀进行修整，如图 2-4-3 所示。

（2）零件的打磨，如图 2-4-4 所示。打磨的目的是去除零件毛坯上的各种毛刺和加

图 2-4-3　剥离支撑材料

图 2-4-4　零件的打磨

工纹路，并且在必要时对加工过程中遗漏或无法加工的细节进行相应的修补。常使用的工具是锉刀和砂纸，一般由手工完成；某些情况下也需要使用打磨机、砂轮机、喷砂机等设备。

（3）对零件的表面进行抛光。抛光的目的是在打磨工序后进一步使零件表面更加光滑平整，产生近似于镜面或光泽的效果，如图 2-4-5 所示。最常用的抛光方法是机械抛光，但根据材料性质和产品要求还有其他抛光方法，如化学抛光、电解抛光、流体抛光、超声波抛光和磁研磨抛光。

抛光前　　　抛光后　　　抛光前

抛光后

图 2-4-5　抛光前后

（4）并不是所有的零件都需要涂装，若使用 FDM 技术生产的零件只用于验证产品结构或仅进行试做时，只需打磨工序即可，但有些情况下也需要对零件进行更高级的表面处理工艺，如电镀工艺等。如图 2-4-6 所示，为对 FDM 技术生产的零件进行电镀处理后的效果。

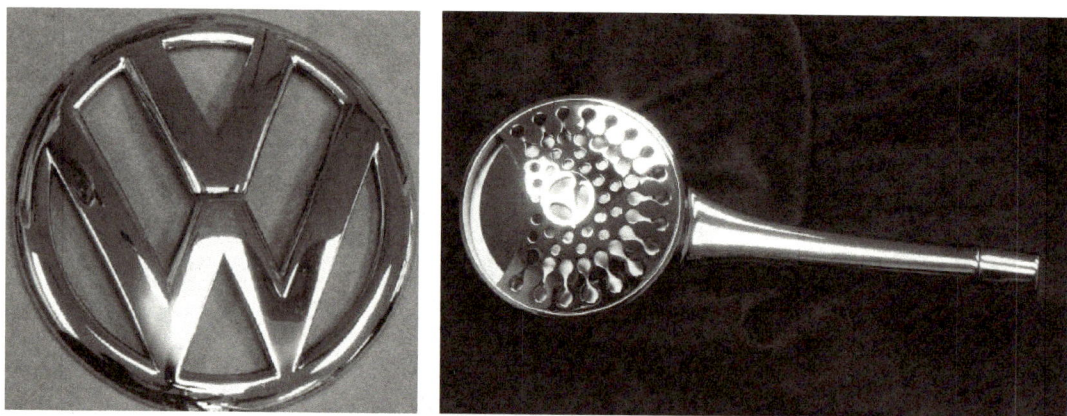

图 2-4-6　电镀处理后的零件

四　能力训练

1　操作条件

需要使用工具有尖嘴钳、手磨机、刻刀、砂纸、锉刀、抛光块等，如图2-4-7和图2-4-8所示。

尖嘴钳用于拆除模型上的支撑件；手磨机用于模型打磨和抛光；锉刀用于打磨与修整模型；水磨砂纸（80目、240目、600目）、打磨棒、抛光条用于打磨模型表面；刻刀用于修整模型。

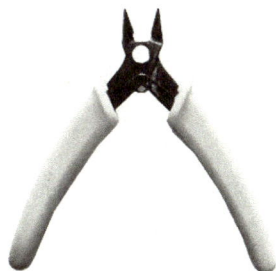

图 2-4-7　尖嘴钳

手磨机

刻刀

砂纸

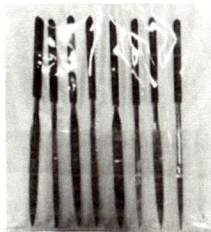

锉刀

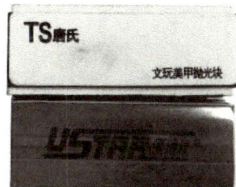

抛光块

图 2-4-8　打磨工具

2　操作过程

按照以下步骤，学生分组对通风板模型进行后处理。

（1）模型去支撑。

（2）模型表面打磨（砂纸、手磨机）。

（3）模型修正。

问题　FDM打印后处理时，去除支撑、表面打磨抛光有哪些注意事项？

提示：在FDM打印后处理过程中，去除支撑和表面打磨抛光是两个至关重要的步骤。以下是这两个步骤中需要注意的事项。

（1）去除支撑结构的注意事项。在去除支撑结构时，要尽量避免对零件本身造成损伤。可以使用工具如镊子、剪刀或切割刀来辅助去除支撑，但要确保力度适中，以免划伤打印件表面。

逐层去除：对于较为复杂的零件，建议逐层去除支撑，这样可以更好地控制去除过程，减少意外损伤的风险。

清理残留物：去除支撑后，要仔细清理零件表面的残留物，包括支撑材料的碎屑和可能留下的胶水痕迹等。

（2）表面打磨抛光的注意事项。选择合适的打磨工具：常用的打磨工具有砂纸、锉刀和打磨机等。根据零件的材质和表面粗糙程度，选择合适的打磨工具和目数。

均匀打磨：在打磨过程中，要保持均匀的力度和速度，避免出现局部过度打磨或未打磨到的情况。特别是对于曲面或不规则形状的零件，要特别注意打磨的均匀性。

及时清理：打磨过程中会产生大量微粒和碎屑，要及时用刷子或吸尘器等工具清理干净，以免影响打磨效果。

保护手部安全：打磨过程中可能会产生飞溅的微粒和碎片，因此建议佩戴手套等防护用品以保护手部安全。

五　学习结果评价

请将学习结果评价填入表2-4-1中。

表2-4-1　学习结果评价

序号	评价内容	评价标准	评价结果
1	了解打印模型后处理步骤	能说出打印模型后处理步骤（5分）	
2	了解通风板模型打印后处理过程	能完成通风板模型打印后处理（5分）	
	总分（10分）		

六　拓展阅读

Mojo 3D打印机支撑材料去除与打磨

为了解决支撑材料去除的难题，Mojo 3D打印机配备了一套专门的支撑清除系统。将已打印的模型放入精密的WaveWash 55支撑清除系统后，隐蔽于不锈钢瓶内部的搅动部件会快速而安静地分解可溶支撑材料，如图2-4-9所示。

图2-4-9　Mojo 3D打印机支撑清除系统

当打印出来的零件表面质量不佳有较大凸痕时，可先用80目粗砂纸或砂纸板对零件进行打磨，用毛刷或空气喷枪清洁零件表面，然后对清洁后的零件喷底灰，在风扇下干燥约30min，观察表面是否还有明显的纹路、凸凹痕。对凹痕、细小裂纹可以先进行补灰，然后用高一级的砂纸（如240目砂纸）进行打磨，如图2-4-10所示。打磨完成后，重复进行清洁、喷灰和干燥的步骤。

图2-4-10　打磨

课后作业

职业能力编号：＿＿＿＿＿＿＿＿＿＿＿＿＿＿＿＿＿＿＿

班级：＿＿＿＿＿＿＿＿＿　　　姓名：＿＿＿＿＿＿＿＿＿　　　日期：＿＿＿＿＿＿＿＿

1. FDM打印后处理的流程是什么？

----

2. FDM打印后处理的难点在哪里？你还能想到什么好的方法解决这个问题吗？

职业能力2-4-2
能对FDM打印机进行维护保养

一　核心概念

■ 设备的日常维护

设备的日常维护一般是指清洁、润滑、调整、紧固和防腐蚀五个方面。

（1）清洁：设备的日常维护首先包括清洁，这涉及设备内部和外部的清洁。需要清理掉油渍、凹凸不平的地方、切屑和垃圾，确保所有部件没有漏油、漏水和漏气的地方。

（2）润滑：设备需要进行适当的润滑，包括润滑面和润滑点的按时加油、换油，确保油质符合要求，油壶、油杯、油枪齐全，油毡、油管清洁，油窗、油痕醒目，油道畅通。

（3）调整：经常对设备的运动部件和配套部件进行调整，以保证部件之间的匹配合理，不松不散，符合设备原来规定的匹配精度和安装标准。

（4）紧固：对设备中需要紧固和连接的部位进行检查，如果发现松动，应及时紧固，以保证设备的安全运行。

（5）防腐蚀：对与各种化学介质接触的设备外部和内部零件要进行除锈、喷漆等防腐处理，以提高设备的抗腐蚀能力，延长设备的使用寿命。

二　学习目标

• 能完成FDM打印机的维护保养操作。

三　基本知识

对FDM打印机的维护工作，通常包含以下几点。

（1）喷嘴更换。在3D打印过程中，更换喷嘴通常是在以下情况下进行：

喷嘴堵塞：长时间打印或操作不当可能导致喷嘴堵塞，表现为不出料、出丝不流畅或挤出机抛料等问题。

材料问题：使用劣质或含有杂质的材料可能导致喷嘴磨损或堵塞，应避免使用这类材料。

喷嘴磨损：长时间使用后，喷嘴内部会堆积杂质并发生磨损，这可能导致堵头现象。

温度设置不当：如果打印喷嘴的温度设置不合适，可能会导致材料无法正确熔化和挤出，需要根据材料类型调整至适宜的温度。

预防性维护：定期进行预防性维护，包括清理喷嘴和打印平台，检查并更换磨损部件，可以延长喷嘴使用寿命。

定期更换：根据使用频率和所用材料，可能需要在1～2个月或500～2000h后更换喷嘴，以保持打印质量和设备性能。

（2）空气过滤器更换。在3D打印过程中，空气过滤器的更换通常基于以下几个条件：

积尘情况：观察空气过滤器表面过滤棉是否积尘严重，特别是在潮湿环境下，灰尘毛屑可能结块。如果手放在过滤棉表面感受吸风明显减弱或无吸风感觉，说明过滤器需要更换。

阻力增大：当空气过滤器的最终阻力达到初始阻力的2～3倍时，通常需要更换过滤器。这是因为过滤器对气流产生阻力，随着使用时间的增长，阻力会逐渐增大，影响空气流通。

滤纸颜色变化：如果滤纸颜色由原本的白色或浅灰色变为灰黑色，这表明滤芯已经不能继续使用，需要立即更换。

环境因素：如果使用环境中含尘浓度较大，过滤器使用寿命会缩短，可能需要更频繁的更换。

维护情况：如果过滤器使用的是可清洗式滤料，并且清洗后效果不佳，或者清洗次数超过推荐次数，则应更换新的过滤器。

（3）手动移动平台。在设备维护保养或者检修时需要手动移动平台。

（4）丝材检查。打印过程中丝材断裂、打印丝材即将用完或者用完时要对丝材进行检查。

（5）断电恢复。操作员误操作或外接因素导致打印机突然断电时可选择断电恢复继续打印。

（四）能力训练

完成本模块通风板模型的FDM打印之后要对打印机进行维护保养，确保打印机可以继续正常工作。

1　操作条件

需要使用FDM打印机、计算机。

2　操作过程

▶ 步骤1　更换喷嘴

经过长时间的使用，打印机喷嘴会变脏甚至堵塞，用户可以更换新喷嘴，老喷嘴可以保留，清理干净后可以再用。拆卸和清洁喷嘴的步骤如下。

（1）用维护界面的"撤回"功能，令喷嘴加热至打印温度。

（2）戴上隔热手套，用纸巾或棉花把喷嘴擦干净。

（3）使用打印机附带的喷嘴扳手，如图2-4-11所示，把喷嘴拧下来。

图 2-4-11　喷嘴扳手

（4）堵塞的喷嘴可以用很多方法去疏通，如用0.4mm钻头钻通、在丙酮溶液中浸泡、用热风枪吹通或者用火烧掉堵塞的塑料。

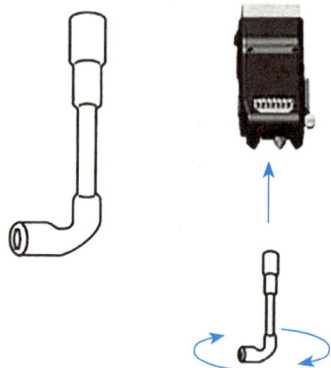

▶ **步骤2**　更换空气过滤器

建议工作6个月或者300h后更换空气过滤器，更换空气过滤器过程如图2-4-12所示。

▶ **步骤3**　手动移动平台

在某些情况下，用户需要手动移动平台。可以使用一字螺丝刀旋转Z轴螺杆以升高或降低平台，如图2-4-13所示。建议不要用力下压或上拉使平台移动，这可能导致平台损坏或不平。

顺时针旋转安装盖子

逆时针旋转拆卸盖子

空气过滤器

图2-4-12　更换空气过滤器

图2-4-13　手动移动平台

▶ **步骤4**　丝材检查

首先，进行丝材的外观检查。观察丝材的外观，看是否有明显的磨损、划痕、裂纹或变形。检查丝材的颜色是否均匀，有无色差或斑点。其次，使用卡尺或千分尺测量丝材的直径，确保丝材的直径在允许的公差范围内。最后，检查丝材的柔韧性。轻轻弯曲丝材，感受其柔韧性。

▶ 步骤5　断电恢复

打印工作可在断电后恢复。当下次打印机与计算机连接并在初始化后，将弹出对话框，用户可选择是否恢复中断的打印工作，如图2-4-14所示。

图2-4-14　断电恢复

🔧 问题情境

问题　FDM打印机为什么要进行维护？

提示：

（1）延长设备寿命。

减少磨损：FDM打印机的喷嘴、挤出机齿轮等部件在长期工作中会经历磨损，通过定期清理和更换这些易损件，可以有效减缓磨损速度，从而延长打印机的整体使用寿命。

保持精度：机械传动部位（如丝杆、导轨等）的保养能确保打印机在长时间使用后仍能保持较高的打印精度。

（2）提升打印质量。

避免堵塞：喷嘴是FDM打印机的关键部件之一，若不及时清理，可能会因残留物而导致堵塞。这会影响材料的正常挤出，进而影响打印质量。

优化散热：风扇负责为打印机关键部件散热，确保其正常工作温度。若风扇积灰或出现故障，会导致过热问题，从而影响打印质量和设备稳定性。

（3）预防故障发生。

提前发现隐患：通过日常维护保养，可以及时发现并解决潜在的故障隐患，如皮带松弛、电机异常等。

（4）提高安全性。

防止意外损坏：在日常使用中，不当的操作或忽视维护保养可能会导致设备损坏甚至安全事故。

五　学习结果评价

请将学习结果评价填入表2-4-2中。

表2-4-2　学习结果评价

序号	评价内容	评价标准	评价结果
1	了解FDM打印机日常维护工作内容	能说出FDM打印机日常维护保养内容（5分）	
2	掌握FDM打印机日常维护保养工作	能完成FDM打印机日常维护保养工作（5分）	
	总分（10分）		

六 拓展阅读

3D打印机常见故障诊断与解决方案

故障一：3D打印机工作一段时间后需要停机休息，然后自行恢复正常工作。其原因为3D打印机工作过程中温度不稳定，当挤出机头部位温度低于最低下限温度时，挤出机就会停止转动。解决方案主要有以下几种。

（1）将3D打印机打印进行时的温度与打印第一层时的温度设定为同一温度的，让其保持统一。

（2）将喷嘴温度调高，让挤出机头部温度高于最低下限温度，这样可以有效避免强制停止现象。

（3）降低原设定的最低下限温度。

故障二：接通电源后，预热和打印进度条没反应。出现这种情况，可按以下步骤逐步排除故障。

（1）首先检查各部位线头是否松动，然后接好有松动的部分，最后进行通电测试。

（2）检查电源插口内保险管是否损坏，若损坏则更换后进行通电测试。

（3）检查电源是否损坏（注意电源电压），检查标准为若保险管无损后通电预热和打印进度条仍无反应，则认为电源损坏，更换新的电源测试。

（4）若以上步骤无问题，通电后预热和打印进度条仍没反应，则预热和打印进度条损坏，需更换后检测。

故障三：打印过程中出现丢步现象。丢步现象可能由以下因素造成。

（1）打印速度过快，应适当减低 X、Y 电机速度。

（2）电机电流过大，导致电机温度过高。

（3）皮带过松或太紧。

（4）电流过小也会出现电机丢步现象，如果是因为电流过大或者电流过小，则须调整电流大小。

故障四：步进电机抖动，不正常工作。

步进电机相序接错，调整线序即可。调整方法为将相应电机接线端口处紧靠边的两根线调换一下接口。

故障五：打印过程中挤出机发出咔咔的异响，可能是挤出机堵头，原因大概有以下几种。

（1）所选3D打印材料比较劣质，粗细不均匀，气泡杂质较多，不完全熔化。

（2）打印头温度过高或者长时间使用，材料会炭化成黑色小颗粒堵在打印头里。

（3）散热不足的问题。

（4）换材料时，残料没有处理干净，会留在送料轴承或者导管附近。

（5）送料齿轮磨损或者残料太多，扭力不足。

（6）模型切片问题，因为切片软件生成的G-code文件不是匀速的，有些段速度会较快，可能导致发出咔咔声。

解决方法如下。

（1）先调平再更换其他材料打印。

（2）用针疏通打印头。

（3）清理送料齿轮。

（4）咨询打印机的售后维修人员。

（5）如果使用的是 DIY 或者二手机器，建议拆解机器，顺便了解一下结构原理。

（6）更换打印头。

课后作业

职业能力编号：_____

班级：_____　　姓名：_____　　日期：_____

1. FDM 打印机日常维护保养的工作有哪些？

----

2. FDM 打印机打印过程中容易出现故障的部件有哪些？

----

3. 怎样减少 FDM 打印机故障？

综合实训：笔筒的打印

一　核心概念

1　材料的黏度

材料的黏度衡量的是材料流动过程中内部摩擦力的大小，它是流体材料的一种物理性质。黏度高的材料流动缓慢，而黏度低的材料流动较快。在3D打印领域，材料的黏度对打印过程和最终打印质量有重要影响。

2　材料的收缩率

材料的收缩率是指材料在制造或加工过程中由于温度变化、化学反应或者相变等原因导致体积或尺寸减少的百分比。收缩率是材料性质的一个重要指标，尤其在铸造、注塑、陶瓷制造和金属加工等领域中至关重要。

二　学习目标

- 能完成笔筒模型的切片。
- 能完整打印出笔筒模型。
- 能对笔筒模型进行后处理。

三　基本知识

（1）FDM工艺对成型材料有如下要求。

① 材料的黏度。材料的黏度低、流动性好，阻力就小，有助于材料顺利挤出；材料的流动性差，就需要很大的送丝压力才能将其挤出，这会增加喷头的启停响应时间，从而影响成型精度。

② 材料熔融温度。熔融温度低可以使材料在较低温度下挤出，有利于延长喷头和整个机械系统的寿命；可以减少材料在挤出前后的温差，减少热应力，从而提高零件的强度。

③ 材料的黏结性。FDM工艺是基于分层制造的一种工艺，层与层之间往往是零件强度最薄弱的地方，黏结性好坏决定了零件成型以后的强度。黏结性过低，有时在成型过程

中会因热应力造成层与层之间的开裂。

④ 材料的收缩率。由于挤出时，喷头内部需要保持一定的压力才能将材料顺利挤出，挤出后材料丝一般会发生一定程度的膨胀；如果材料收缩率对压力比较敏感，会造成喷头挤出的材料丝直径与喷嘴的直径相差太大，影响材料的成型精度。FDM成型材料的收缩率对温度不能太敏感，否则会产生零件翘曲、开裂。

由以上材料特性对FDM工艺实施的影响来看，FDM工艺对成型材料的要求是黏度低、熔融温度低、黏结性好、收缩率小。

（2）FDM工艺对支撑材料有如下要求。

① 能承受一定高温。由于支撑材料要与成型材料在支撑面上接触，所以支撑材料必须能够承受成型材料的高温，在此温度下不产生分解或熔化。

② 与成型材料具有较低的亲和性，便于后处理。支撑材料是加工中采取的辅助手段，在加工完毕后必须去除，所以支撑材料与成型材料的亲和性不应太好。

③ 具有水溶性或者酸溶性。对于具有复杂内腔、孔等原型的后处理，可通过支撑材料在某种液体里溶解而去除。由于现在FDM使用的成型材料一般是ABS工程塑料，该材料一般可以溶解在有机溶剂中，因此不能使用有机溶剂去除支撑材料。目前已开发出水溶性支撑材料。

④ 具有较低的熔融温度。具有较低的熔融温度可以使材料在较低的温度下挤出，提高喷头的使用寿命。

⑤ 流动性要好。由于支撑材料的成型精度要求不高，为了提高机器的扫描速度，要求支撑材料具有很好的流动性，而黏性可以差一些。

综上所述，FDM工艺对支撑材料的要求是能够承受一定的高温、与成型材料具有较低的亲和性、具有水溶性或者酸溶性、熔融温度低、流动性特别好等。

（四）能力训练

学生对笔筒模型，如图2-综-1所示，进行切片、打印、后处理。

1 操作条件

需要使用FDM打印机、计算机和后处理工具。

2 操作过程

学生分组进行笔筒模型切片、打印、后处理。对打印模型是否成功进行记录，对打印模型存在的问题进行总结，并填入表2-综-1中。

图2-综-1　笔筒模型

表 2-综-1 打印过程记录

序号	打印时间	打印模型是否成功（问题总结）
1		
2		
3		
4		

问题情境

问题 FDM打印机打印模型的操作步骤是什么？

提示：

（1）数据格式转换。将设计好的三维模型转换成为STL格式文件。

（2）切片处理与添加支撑。切片软件会对STL格式的3D模型进行分层处理，在切片过程中，软件会根据模型的形状自动计算是否需要添加支撑结构。支撑结构用于在打印过程中保持悬空部分的稳定性，防止其塌陷或变形。添加支撑后，最终的打印实施模型通常包括支撑部分和实体部分两个方面。

（3）打印准备与开始打印。在正式打印前，需要检查打印机的各项设置是否正确，如喷嘴温度、平台温度、打印速度等。同时，还需要确保打印机的工作平台上没有杂物或残留物，以免影响打印质量。一切准备就绪后，可以将切片后的数据导入到3D打印机中，并启动打印程序。

（4）后处理工作。打印完成后，需要从打印机上取下打印件，并去除其上的支撑结构。对打印件进行打磨和修整工作，以提高其表面粗糙度和精度。还可以对打印件进行上色或其他装饰性处理，以满足个人喜好或特定需求。

五 学习结果评价

请将学习结果评价填入表2-综-2中。

表 2-综-2 学习结果评价

序号	评价内容	评价标准	评价结果
1	熟悉切片软件操作	能完成笔筒模型的切片（3分）	
2	熟悉模型打印过程	能完整打印出笔筒模型（3分）	
3	熟悉模型后处理流程	能对笔筒模型进行后处理（4分）	
总分（10分）			

(六) 拓展阅读

FDM技术的优势

与其他3D打印技术相比，FDM技术的优势主要有以下几点。

（1）没有易损件，维护简单，运行成本和维护成本低。

（2）塑料丝材容易清洁、更换和保存。与其他使用粉末和液态材料的技术相比，丝材更加清洁，易于更换、保存，不会在设备中或附近形成粉末或液体污染。

（3）后处理简单，仅需几分钟时间剥离支撑，原型即可使用。其他3D打印技术（如SLA、SLS、3DP等）均存在清理残余液体和粉末的步骤，并且需要进行后固化处理，需要额外的辅助设备，这些额外的后处理工序，容易造成粉末或液体污染，同时也增加了制造时间。

（4）成型速度较快，FDM技术可通过减小原型密实程度的方法提高成型速度。通过试验，具有某些结构特点的模型，最高成型速度已经可以达到60cm³/h，通过软件优化及技术进步，预计可以达到200cm³/h的高速度。

（5）材料性能好一直是FDM技术的主要优点，其ABS原型强度可以达到注塑零件的1/3，PC、PC/ABS、PPSF等材料强度已经接近或超过普通注塑零件，可在某些特定场合（试用、维修、暂时替换等）下直接使用。在塑料零件制造领域，FDM技术是一种非常适宜的快速制造方式。

基于以上显著优点，该技术发展极为迅速，目前FDM系统在全球已安装的快速成型系统中的份额大约为30%。

课后作业

职业能力编号：＿＿＿＿＿＿＿＿＿＿＿＿＿＿＿＿＿

班级：＿＿＿＿＿＿＿＿　　姓名：＿＿＿＿＿＿＿＿　　日期：＿＿＿＿＿＿

搜集运用到FDM打印的产品模型。

模块 **3**

飞机中央翼缘模型的制作

随着3D打印技术的不断发展，我国在航空航天领域已经开始应用这一技术。作为第三次工业革命制造领域的重要技术代表，3D打印技术的发展一直受到各界的广泛关注。而金属3D打印技术被行内专家视为3D打印技术领域高难度、高标准的发展分支，在工业制造领域有着举足轻重的地位。

本模块将通过使用SLA打印机打印飞机中央翼缘模型来进行学习，中央翼缘模型如图3-0-1所示。

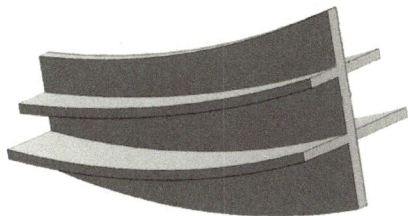

图3-0-1　中央翼缘模型

▶ 模块学习目标

1. 能简述SLA打印机工作原理；
2. 掌握SLA打印机基本操作；
3. 能完成料盒安装、平台调整；
4. 能使用UG软件对中央翼缘进行建模；
5. 能使用切片软件进行切片处理；
6. 能解决打印中出现的简单问题；
7. 掌握打印机的基本操作，完成零件打印；
8. 能完成中央翼缘打印模型后处理操作；
9. 能完成SLA打印机日常维护操作；
10. 能完整打印出牙齿模型并进行后处理。

任务 3-1　SLA打印机的使用

职业能力 3-1-1
能掌握SLA打印机基本操作

一　核心概念

1　光聚合反应

光聚合反应指有机化合物光化反应的一种。分子量不大的单体有机物在光的作用下产生稳定聚合物的反应。原理是单体分子吸收光子后，变为活性的游离基，游离基互相接联形成稳固的长链。乙烯单体、丙烯酰胺等均可发生光聚合反应。

2　光固化反应

通常所讲的光固化反应是指液态树脂经光照后变成固态的过程，大多数是光引发的链式聚合反应，通过聚合使体系的分子量增加，并形成交联网络，从而变成固态干膜。更广义的光固化还包括可溶性固态树脂经光照后变成不溶性的固态的过程。

二　学习目标

- 了解SLA打印技术的应用领域。
- 能简述SLA打印机工作原理和特点。
- 掌握SLA打印机基本操作。

三　基本知识

1　SLA打印机工作原理

SLA打印机是一种使用光固化技术的3D打印机，它通过逐层固化光敏树脂来构建三维模型。SLA打印机的工作原理如图3-1-1所示。因为树脂材料具有较高黏性，在每层固化后，液面很难在短时间内迅速流平，这会影响实体的精度。采用刮板刮切后，树脂便会被十分均匀地涂覆在需打印的层上，经过激光固化后可以得到较好的精度，表面更加光滑和平整（图3-1-2）。

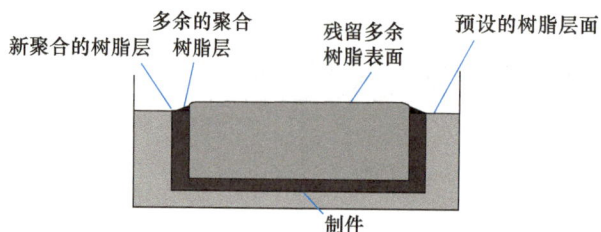

图 3-1-1　SLA 打印机的工作原理

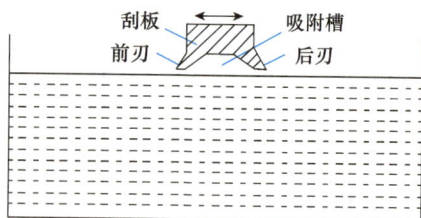

图 3-1-2　刮板刮切原理

吸附式涂层机构在刮板静止时，在表面张力作用下吸附槽中会充满液态树脂。当刮板进行涂刮运动时，吸附槽中的树脂会均匀涂覆到已固化的树脂表面；此外，涂层机构中的前刃和后刃可以很好地消除树脂表面因为工作台升降等产生的气泡。

2　SLA 打印技术的应用领域

SLA 打印技术已应用于多个工业和生活领域，如航空航天、汽车构件、消费艺术品、生物医疗、电器元件等，如图 3-1-3 所示。

生物医疗　　　　　　军工航天　　　　　　汽车构件

电器元件　　　　　　消费艺术品

图 3-1-3　SLA 3D 打印技术的应用领域

3　SLA 打印技术的优缺点

（1）SLA 打印技术有以下优点。

① 成型过程自动化程度高。SLA 系统非常稳定，成型过程可以完全自动化，直至原型制作完成。

② 尺寸精度高。SLA 制件的尺寸精度可以达到 ±0.1mm。

③ 表面质量优良。虽然在每层固化时侧面及曲面可能出现台阶，但上表面仍可得到玻璃状的效果。

④ 可以制作结构十分复杂、尺寸比较精细的模型。

⑤ 可以直接制作面向熔模精密铸造的具有中空结构的模型。

⑥ 制作的成品可以在一定程度上替代传统的塑料件。

（2）SLA 打印技术存在以下缺点。

① 制件易变形、较脆。成型过程中材料会发生物理和化学变化，易断裂，性能尚不如常用的工业塑料。

② 设备和材料的成本高。液态树脂材料的价格较高，SLA 设备购买和维护成本高。

③ 可使用的材料较少。目前可用的材料主要为感光性的液态树脂材料。液态树脂有气味和毒性，并且需要避光保存，以防止提前发生聚合反应，选择时有局限性。

④ 需要二次固化。经快速成型系统光固化后的树脂模型并未完全被激光固化，因此需要对其进行二次固化。

（四）能力训练

下面学习 SLA 打印机的电源、网线连接，开、关机操作及如何移除/安装打印平台。

1　操作条件

需要使用 SLA 打印机。

2　操作过程

▶ 步骤1　摆放平台

用于放置 SLA 打印机的平台宽度应在 50cm 以上，长度应在 50cm 以上，承重应在 50kg 以上；设备后方需与墙面保持 10cm 以上距离，用于接线、散热等，如图 3-1-4 所示。

图 3-1-4　打印机的放置

▶ 步骤2　连接线缆

（1）连接电源线：SLA 打印机电源接口位于设备背面。使用随机附件中的电源线，一端连接设备电源接口，另一端连接至电源插座，如图3-1-5所示。

（2）连接局域网：可选择使用网线或WiFi连接设备至局域网。

使用网线方式时，将网线一端连接设备背面的局域网端口，如图3-1-6所示，另一端连接至安装场所的局域网端口。打印前处理软件ShapeWare与设备必须连接至同一局域网，才能实现打印任务在线发送功能。

图3-1-5　连接电源线

图3-1-6　连接网线

▶ 步骤3　开/关机

设备电源开关位于设备背面，如图3-1-7所示，将开关按键拨至"I"位置，设备开机；将按键拨至"O"位置，设备关机。

▶ 步骤4　移除/安装打印平台

移除打印平台时，左手握住打印平台，右手逆时针旋转手轮，如图3-1-8所示，待手轮与悬臂卡口分开一段距离后，左手上抬打印平台并向外平移取下（需要松开大旋转手柄后，向上提，然后向身体方向拉，才可以顺利取下来）。

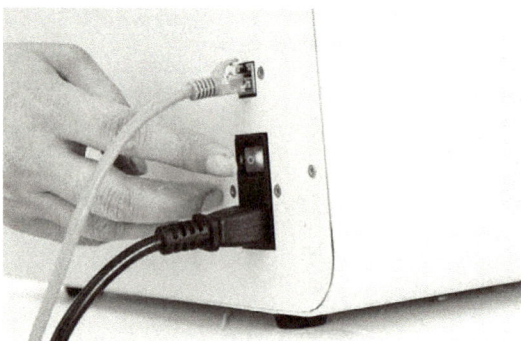

图3-1-7　电源开关

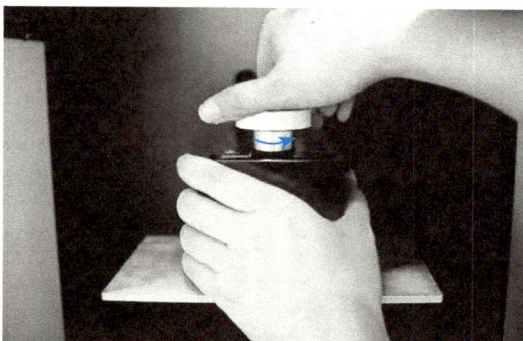

图3-1-8　移除打印平台

安装打印平台时，将打印平台按图3-1-9所示对准悬臂卡口，平推到底。

固定打印平台时，顺时针旋转手轮，如图3-1-10所示。

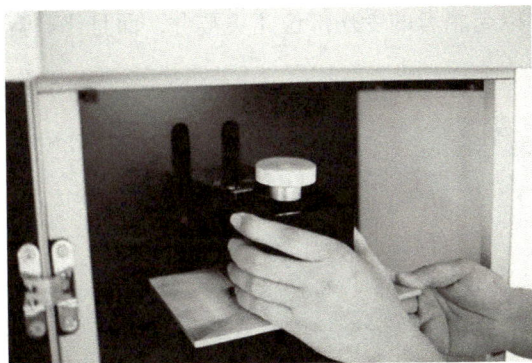

图3-1-9　安装打印平台

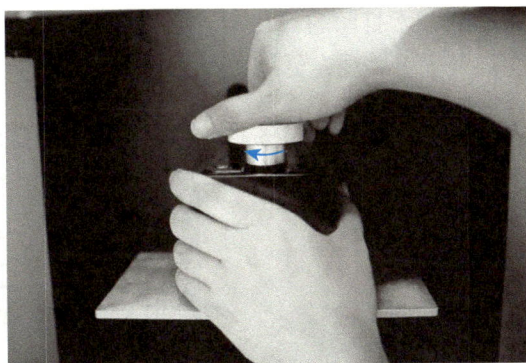

图3-1-10　固定打印平台

问题情境

问题　SLA打印机对环境是否有要求?

提示：有要求。SLA打印机是要对液体进行操作的精密设备，对环境要求苛刻。SLA打印机使用的材料主要为液态光敏树脂，对存放环境有光线和温度要求，液态树脂材料有气味和轻微毒性，人体接触后容易发生皮肤过敏。

五　学习结果评价

请将学习结果评价填入表3-1-1中。

表3-1-1　学习结果评价

序号	评价内容	评价标准	评价结果
1	了解SLA打印机的应用领域	能说出SLA打印机的应用领域（2分）	
2	了解SLA打印机工作原理和特点	能讲出打印机的工作原理，打印机优缺点（3分）	
3	了解SLA打印机基本操作	能动手完成打印机安装，打印平台的安装、固定、移除（5分）	
总分（10分）			

六　拓展阅读

SLA技术应用案例

上海交通大学医学院3D打印创新研究中心与河南省洛阳正骨医院合作共建了河南省首个医学3D打印创新研究中心，3D打印技术被用于治疗骨科疾病，如图3-1-11所示。利用SLA技术打印的"私人定制"康复支具，可以与患者的受伤部位完美契合，而且比石膏更透气、更美观、更舒适。

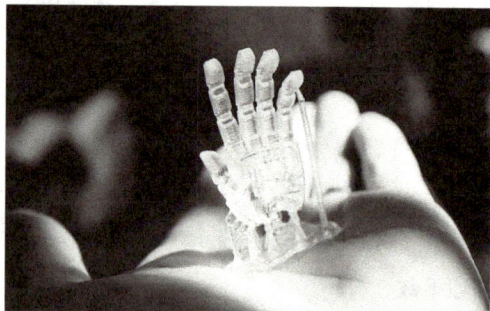

图3-1-11 SLA快速成型样件

课后作业

职业能力编号：＿＿＿＿＿＿＿＿＿＿＿＿＿＿＿＿＿＿＿＿＿

班级：＿＿＿＿＿＿＿＿ 姓名：＿＿＿＿＿＿＿＿ 日期：＿＿＿＿＿＿＿

1. 说一说SLA打印机与FDM打印机工作原理的相同点。

2. SLA打印机有哪些结构？

3. SLA打印机适合运用到什么场景？

职业能力 3-1-2
能完成料槽安装及平台调平

一 核心概念

打印平台调平

打印平台调平是指打印设备使用前对打印平台进行调平操作。这通常涉及使用精密的测量工具来检查平台的水平度，并根据需要进行调整。

在SLA打印过程中，打印平台的水平度是关键因素之一，因为它直接影响打印件的精度和质量。如果打印平台未调平，可能会导致零件在构建过程中出现倾斜或扭曲。这是因为SLA打印是基于逐层叠加的原理，如果平台不平整，每层之间的叠加就会受到影响，最终导致整体结构的变形。平台调平对于零件的黏附性也有影响。如果平台不平，打印件与平台之间的接触面积会不均匀，可能导致打印件在某些区域无法牢固黏附在平台上，从而发生移位或脱落。此外，平台调平还会影响打印速度和效率。如果平台不平整，打印头在移动过程中可能会遇到阻力或振动，这不仅会降低打印速度，还可能增加打印过程中的错误率。通过确保平台的水平度，可以提高零件的精度、黏附性和整体质量，同时优化打印速度和效率。

二 学习目标

- 能完成平台调平。
- 能完成料槽安装。

三 基本知识

SLA打印机操作之前需准备以下物品：95%酒精、95%酒精喷壶、纸巾、一次性手套、刮板、铲刀、树脂。

打印前检查：

（1）检查成型平台，洁净平整，成型面和侧面无打印碎渣残留，如图3-1-12所示。如果平台有残留，使用铲刀铲平刮净，并用酒精纸巾擦拭干净。

（2）检查料槽安装正确，使用刮板检查，如图3-1-13所示。料槽内料槽膜上光滑，无破损和残渣；如果有残渣，则进行料槽清理。料槽内树脂量应满足本次打印，并搅拌均匀。如果需要另外加树脂，务必对新树脂上下充分摇均匀后，再将树脂加入料槽内。

（3）在开始3D打印前需将打印机调平。保持打印机水平放置很重要，可防止树脂在

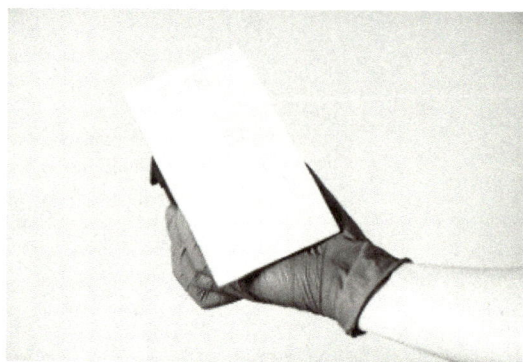

图 3-1-12　成型平台检查

图 3-1-13　料槽安装检查

打印过程中从树脂槽中溢出。打印机的四个支脚必须放置在平稳的表面上，以确保打印过程中无晃动。打印机必须处于完全水平状态后才能开始打印。若系统提示调平异常，应使用调平工具升高或降低打印机的支脚。

调平打印机过程如下。

① 接通打印机的电源，如需调整，触摸屏会提示使用调平盘。

② 打印机的初始设置顺序包括调平程序。

③ 按照屏幕上的指示调整打印机下方的支脚。

④ 将圆形调平盘放在指定支脚下面，推动调平盘直至其扣住支脚，如图 3-1-14 所示。

⑤ 顺时针旋转调平盘可升高打印机，逆时针旋转可降低打印机。打印机装运时每个支脚都是缩回的。在第一次使用打印机之前需将支脚升高到合适高度，如图 3-1-15 所示。

⑥ 调整支脚直至触摸屏显示打印机已调平。

图 3-1-14　打印机支脚固定

图 3-1-15　打印机支脚高度调整

（四）能力训练

下面学习SLA打印机移除、安装料槽，平台调平的操作过程。

1　操作条件

需要使用SLA打印机。

2　操作过程

▶ **步骤1**　移除、安装料槽

移除料槽时，分别向外旋转料槽两侧的快拆旋钮来解除料槽固定，如图3-1-16所示。双手握住料槽把手，向上抬起，移除料槽，如图3-1-17所示。

图3-1-16　解除料槽固定　　　　　　　图3-1-17　移除料槽

安装料槽前，需预先检查料槽玻璃及料槽膜表面是否有灰尘，必要时使用无尘布清理，如图3-1-18所示。

安装料槽时，按图示将料槽放置于料槽玻璃上，向内平推至底部，如图3-1-19所示。分别向内旋转料槽两侧的快拆旋钮，固定料槽，如图3-1-20所示。

图3-1-18　料槽清理　　　　图3-1-19　放置料槽　　　　图3-1-20　固定料槽

▶ **步骤2** 平台调平

（1）调平检查前，打印平台固定在设备上，移除料槽，在料槽玻璃上放置一张干净A4纸，如图3-1-21所示。

（2）点击"设置"→"Z轴偏移设置"→"移至底部"。打印平台将向下运动直至与料槽玻璃表面接触（最大Z轴行程）。打印平台向下运动至底部时，切勿将手放到平台下方，避免撞击或挤压伤害。

（3）用手轻轻扯动A4纸四角，感受打印平台和料槽玻璃的夹紧力度，四角均不能扯动时平台调整完毕。将打印平台向上移动至零位，操作方法为点击"设置"→"Z轴偏移设置"→"移至顶部"，如图3-1-22所示。

图3-1-21　平台调整准备　　　　　　图3-1-22　平台调整

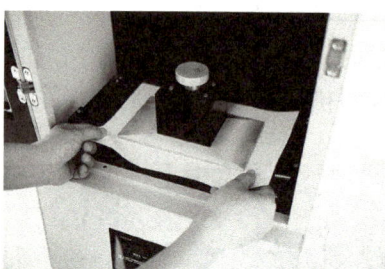

问题情境

问题　SLA打印机与FDM打印机的打印原理、材料使用有什么不同？

提示：

打印原理：SLA打印机利用紫外线激光束照射液态光敏树脂（一种光聚合物），使其迅速固化；FDM打印机是基于熔融沉积原理，通过加热喷嘴将热塑性材料（如ABS、PLA等丝材）熔化后逐层挤出，按照预设路径堆叠成三维物体。

材料使用：SLA打印机主要使用液态光敏树脂作为打印材料；FDM打印机则使用热塑性丝材作为打印材料。

五　学习结果评价

请将学习结果评价填入表3-1-2中。

表3-1-2　学习结果评价

序号	评价内容	评价标准	评价结果
1	了解移除安装料槽的方法	能完成料槽的移除及安装（5分）	
2	了解打印平台调平方法	能简述打印平台调平方法（5分）	
总分（10分）			

光固化：SLA 和 DLP

光固化主要是指利用特定波长的光引发光敏树脂发生聚合反应，从而实现光敏树脂从液态到固态的转变，构建出三维物体的过程。基于光敏树脂的 3D 打印机近些年非常流行，而这类 3D 打印机大多采用光固化技术。光固化打印机通过不同的方式将光照射到光敏树脂上使其固化成型，SLA 和 DLP 是光固化的两种主要技术。

SLA 技术是一种重要的 3D 打印技术。它使用液态光敏树脂作为打印材料，通过紫外线激光照射使树脂在一定区域内固化。这个过程是逐层进行的，通过光化学过程使化学单体和低聚物交联在一起形成固态聚合物，这些聚合物最终构成了三维固体的主体。当一层完成时，平台会移动，然后重复该过程，直到零件完成。

随着技术的不断发展和完善，SLA 技术在未来有望更广泛和深入的应用。如需了解更多关于 SLA 技术的信息，可以阅读 3D 打印技术领域的专业书籍或咨询相关领域的专家。

2012 年 6 月，即 SLA 技术原始专利到期五年后，第一台大众买得起的光固化 3D 打印机诞生。这也是第一台数字光处理（digital light processing，DLP）3D 打印机，这台打印机由 B9 Creations 公司开发。DLP 使用紫外投影仪作为光源，通过数字微镜器件（digital micromirror device，DMD）控制光的投射。每次投影一层，一次固化一整层，如图 3-1-23 所示。因此，在速度上，DLP 技术相对于 SLA 技术更快。

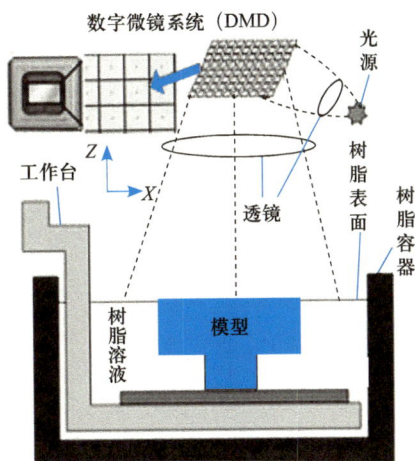

图 3-1-23　DLP 工作原理

然而，DLP 的打印精度会随着投影面积的增大而下降，打印尺寸受到投影仪分辨率的限制。目前 DLP 所用到的 DMD 芯片基本都来自美国德州仪器公司，价格和光源分辨率都取决于 DMD 芯片。

课后作业

职业能力编号：＿＿＿＿＿＿＿＿＿＿＿＿＿＿＿＿＿＿＿

班级：＿＿＿＿＿＿＿＿　　　姓名：＿＿＿＿＿＿＿＿＿　　　日期：＿＿＿＿＿＿＿＿＿

1. 料槽安装注意事项有哪些？

2. SLA打印机与FDM打印机的平台调平有什么区别？

任务 3-2 飞机中央翼缘构建三维模型及切片

职业能力 3-2-1
能使用软件完成三维建模

一　核心概念

三维建模

三维建模是以三维模型作为产品全过程的标准，这样可以保证最终的产品与设计初衷相吻合，因此机械行业正在越来越广泛地应用三维建模，这也是未来的发展方向。三维建模运用三维设计软件来创建三维数字化物体或场景。它借助点、线、面构建出立体的几何形状，从而生成具备真实感或者抽象风格的三维模型。最常见的三维设计软件有AutoCAD、3D Max、ProE、SOLIDWORKS、UG等。

二　学习目标

- 能说出常用三维设计软件。
- 能运用UG建模软件。
- 能使用UG建模软件对中央翼缘进行建模。

三　基本知识

1　拉伸草图成实体

在UG软件中单击屏幕上X-Y基准面，进入草图绘制界面。绘制草图，完成草图绘制后，单击视窗左上角菜单栏中的"拉伸"按钮，在弹出的"拉伸"对话框中的"限制"下拉选项中的"距离"输入拉伸距离，如图3-2-1所示，单击"应用"按钮后完成底面图形建模。

2　绘制直线

单击"工具"菜单中的"直线"按钮，弹出"直线"对话框，进行直线绘制。最后单击"直线"对话框中的"应用"按钮。

图 3-2-1　"拉伸"对话框

3　绘制曲线

单击菜单栏中的"曲线"命令，选取所需曲线。

进行三点圆弧绘制，如图 3-2-2 所示。绘制结束后单击"确定"按钮。

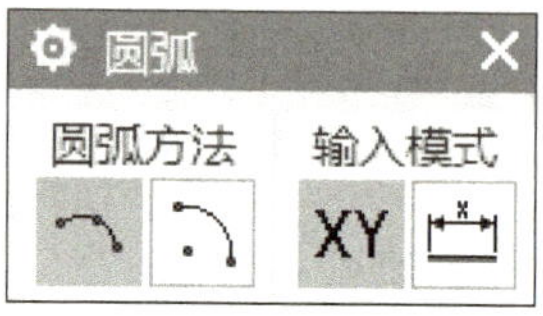

图 3-2-2　圆弧绘制

（四）能力训练

下面进行飞机中央翼缘模型设计。

1　操作条件

需要使用安装了 UG 软件的计算机。

2　操作过程

▶ **步骤 1**　软件开启，新建文件

在 UG 软件中，依次执行开启软件、新建文件操作后，直接进入草图绘制模式。

▶ **步骤2**　绘制草图

绘制间距100mm，长度分别为30mm、50mm的两条铅垂线，如图3-2-3所示。

用曲线分别连接两条铅垂线的两端，绘制R200mm、R280mm的圆弧曲线，如图3-2-4所示。

图3-2-3　绘制铅垂线

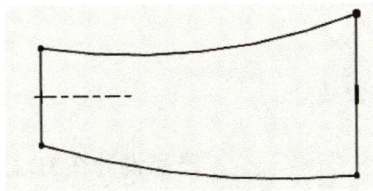

图3-2-4　绘制曲线轮廓

分别以两条铅垂线中点为起点，在距离两个起点上方和下方6mm位置，分别绘制2个（R380mm）圆弧曲线，同样在绘制好圆弧曲线上方和下方2mm位置分别再绘制2个（R380mm）圆弧曲线。绘制的圆弧筋板如图3-2-5所示。

▶ **步骤3**　生成实体

单击拉伸菜单，选择所需拉伸曲线。拉伸时先对外轮廓进行操作，拉伸厚度为5mm，再对两条筋板进行拉伸，拉伸厚度为40mm，生成的实体如图3-2-6所示。

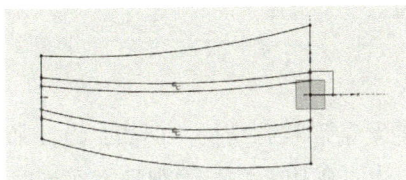

图3-2-5　绘制的圆弧筋板

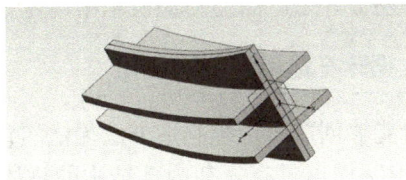

图3-2-6　生成的实体

⚙ **问题情境**

问题　中央翼缘模型绘制中有哪些注意事项？
提示：①曲线的选择；②筋板拉伸方向及厚度。

五 学习结果评价

请将学习结果评价填入表3-2-1中。

表 3-2-1　学习结果评价

序号	评价内容	评价标准	评价结果
1	了解 UG 软件常用画图指令	能用 UG 软件简单操作指令进行图形绘制（4分）	
2	了解飞机中央翼缘条绘制方法	能完成飞机中央翼缘模型绘制（6分）	
	总分（10分）		

六　拓展阅读

产品设计在 3D 打印中的作用

1　提高设计效率与质量

3D 打印技术可以显著提高产品设计的效率和质量。设计人员可以利用 3D 打印技术快速制作出产品的原型，进行功能测试和用户反馈，从而不断优化设计方案。这一过程不仅节省了时间，还降低了成本。同时，3D 打印的高精度和复杂结构制造能力也确保了产品设计的准确性和质量。

2　实现个性化与定制化设计

设计人员可以根据客户的具体需求进行个性化设计，无论是定制的珠宝、独特的家居装饰，还是专属的时尚配件，都能轻松实现。这种定制化的设计模式不仅满足了消费者的多样化需求，还提升了产品的附加值和市场竞争力。

3　拓展设计可能性与创新空间

设计人员能够创造出传统制造方法无法实现的复杂形状和结构。例如，设计师可以利用 3D 打印技术制作出具有复杂内部结构的物体，从而在功能性和美观性上实现突破。这种创新设计的可能性为创意产业带来了新的机遇，推动产品设计的不断发展和进步。此外，随着材料科学的进步和 3D 打印技术的不断发展，未来将有更多种类的材料可用于 3D 打印，进一步拓宽了设计师的创作空间。

4　促进设计与制造的紧密融合

3D 打印技术将设计与制造过程紧密相连，实现了从数字模型到实体产品的无缝转换。这一特性使得设计师在设计过程中就能充分考虑到制造的可行性和成本效益，从而避免了传统设计中可能出现的制造难题和成本超支问题。同时，3D 打印的快速响应能力也使得设计师能够快速调整设计方案并投入生产，提高了整个产品开发流程的效率和灵活性。

课后作业

职业能力编号：_____

班级：_____ 姓名：_____ 日期：_____

1. 总结自己了解过的设计软件有哪些。

   ----

2. 分析UG软件与之前学习的设计软件有哪些不同点。

   ----

3. 在设计中央翼缘模型过程中应该注意哪些方面？

职业能力 3-2-2
能掌握切片软件的功能

一　核心概念

1　正向设计

正向设计是指从概念到实物的过程，利用绘图或建模等手段预先做出产品设计原型，然后根据原型制造产品。正向设计的核心是利用数据和算法来支持设计决策，通过正向设计软件进行模拟、分析和优化，找出最适合的解决方案。

2　切片软件

切片软件在3D打印中起着至关重要的作用，它负责将数字三维模型转换为打印机可以理解的G-code文件，从而控制打印机的运动和材料的使用。

切片软件的数据可以由正向设计软件进行设计并导出；也可以通过逆向设计软件进行扫描，并经修复之后导出。

二　学习目标

- 熟悉切片软件的功能指令。
- 能够使用切片软件进行切片处理。
- 了解切片软件在打印环节的重要性。

三　基本知识

ShapeWare是苏州铼赛智能科技有限公司自主开发的一款适用于旗下DLP树脂3D打印机的数据前处理软件，可以快速、轻松准备和优化打印的零件，确保打印出高质量的零件。

在准备打印前，ShapeWare将待打印的三维文件转换为二维切片层列表文件，该文件随后通过DLP树脂3D打印机进行打印。软件主要功能包括：基本操作、数据预览、零件修复、自动排列、零件摆放、零件抽壳、自由切割、零件标签、基本测量、零件打孔、Z轴补偿、生成支撑、零件切片等。

软件的用户界面包括菜单栏、图形视图窗口、模型视图窗口及打印视图窗口。

图形视图窗口位于界面中央，由打印平台与标尺构成。

模型视图窗口位于界面左侧，其中平台管理模块以树状列表的形式显示零件列表，并用于文件及操作的管理；零件信息模块提供选中零件的基本信息。

打印视图窗口位于界面右侧，其中打印设置模块用于打印参数的显示或更改；打印队列管理提供多文件、多设备打印任务的管理。

操作相关的各类软件功能可通过菜单栏、右键菜单、快捷键等方式找到。

模型视图以树状目录结构显示每个平台上的所有模型，并提供选中零件的基本信息（如体积、尺寸）。

在平台管理模块，如图3-2-7所示，用户可以自定义添加多个设备平台，并可以将一个或多个零件从一个平台拖动至另一个平台。通过单击列表中零件名称前的复选框，可以选中操作对象以进行后续操作。单击零件名称前的图标可控制该零件在图形显示窗口的显示或隐藏。

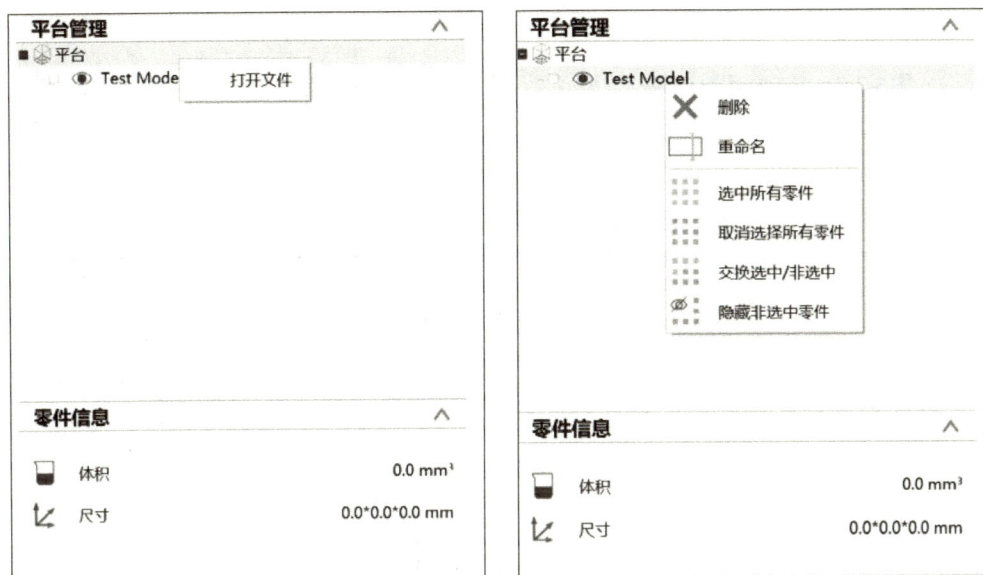

（a）平台管理模块　　　　　　　　　　（b）右击目录中的一项

图 3-2-7 　平台管理模块

此外，通过右击目录中的每一项，可在菜单中找到对应的多种功能及操作。例如通过右击或双击模型名称可以给模型重命名。

除上述图形视图窗口中的基本操作外，软件其余的大部分功能可通过多种途径实现。通过右击项目列表中的名称、显示窗口中的模型或空白区域，可激活对应的右键菜单并显示可用的功能和操作，如图3-2-8和图3-2-9所示。

ShapeWare软件可以使用一些快捷键进行操作，详见表3-2-2。

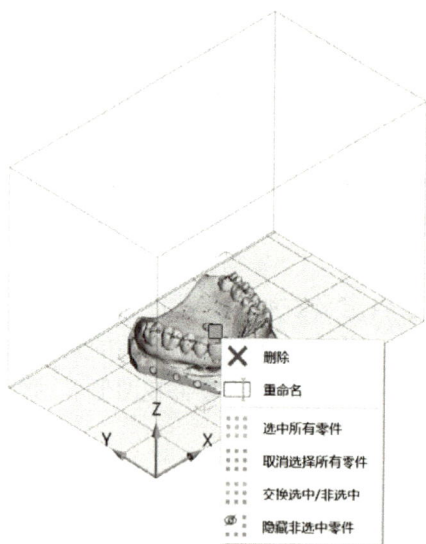

图 3-2-8 右击显示窗口中的模型

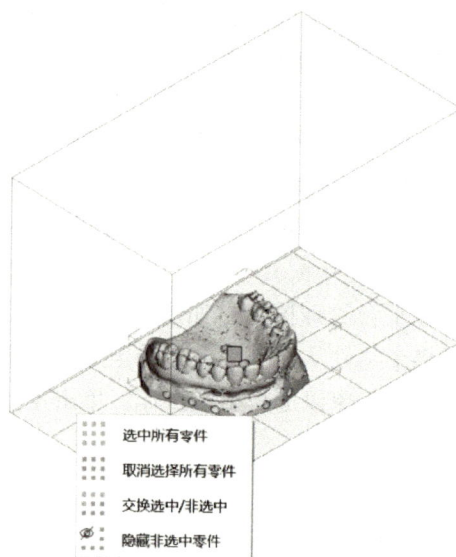

图 3-2-9 右击显示窗口中的空白区域

表 3-2-2 ShapeWare 软件中的快捷键及操作

操作	快捷键	操作	快捷键
新建项目	Ctrl+N	编辑支撑	Shift+I
打开文件	Ctrl+O	打孔	Shift+P
撤销上一步操作	Ctrl+Z	标签零件	Shift+L
重做上一步操作	Ctrl+Y	视图缩小	Q
保存文件	Ctrl+S	视图放大	A
新建平台	Ctrl+P	缩放至所有零件	F2
自动摆放	Shift+A	缩放至选中零件	F3
指定表面	Shift+B	缩放至平台	F4
移动	T	切换视图	Space
按指定 XY 方向移动	Shift+箭头	移动视角	Ctrl+箭头
移动到默认 Z 轴高度	Ctrl+E	Z 轴剪裁视图-向上逐层	PgUp
放置零件到平台上	Ctrl+Shift+Down	Z 轴剪裁视图-向下逐层	PgDn
旋转	R	剪切数据	Ctrl+X
缩放	S	复制数据	Ctrl+C
阵列零件	Ctrl+D	粘贴数据	Ctrl+V
镜像零件	M	删除	Del
测量	Shift+M	选中所有零件	Ctrl+A
自动支撑	Ctrl+Shift+I	交换选中/非选中	Ctrl+I

（四）能力训练

使用 ShapeWare 软件进行中央翼缘模型打印的详细步骤如下。

▶ **步骤1**　打开 ShapeWare 软件

双击软件图标，打开 ShapeWare 软件。

▶ **步骤2**　打开中央翼缘模型 STL 文件

打开中央翼缘模型 STL 文件，单击菜单栏中的"打开文件"按钮，选择要打开的文件，如图 3-2-10 所示。

名称	修改日期	类型
Snipaste-2.5.6-Beta-x64	2024/5/17 10:12	文件夹
vent1	2018/12/18 1:09	3D File
中央翼缘模型	2024/5/17 10:00	3D File

图 3-2-10　打开中央翼缘模型

▶ **步骤3**　零件摆放

单击"自动摆放"按钮，弹出"2D嵌套摆放"对话框，如图 3-2-11 所示。零件摆放时零件间距为 1mm，平台边距为 1mm，移动零件到 Z 轴高度为 3mm。

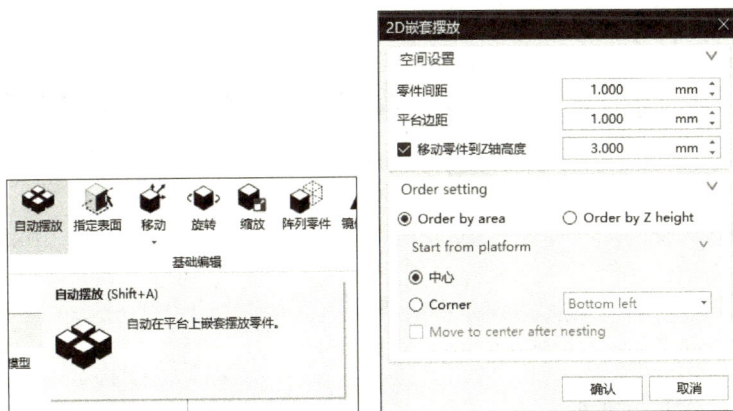

（a）单击"自动摆放"按钮　　　　（b）"2D嵌套摆放"对话框

图 3-2-11　零件摆放

▶ **步骤4**　添加支撑

单击"自动支撑"按钮，如图 3-2-12 所示。

▶ **步骤5** 选择打印机

根据需求选择打印机，如图3-2-13所示。

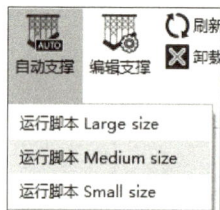

图3-2-12   自动支撑

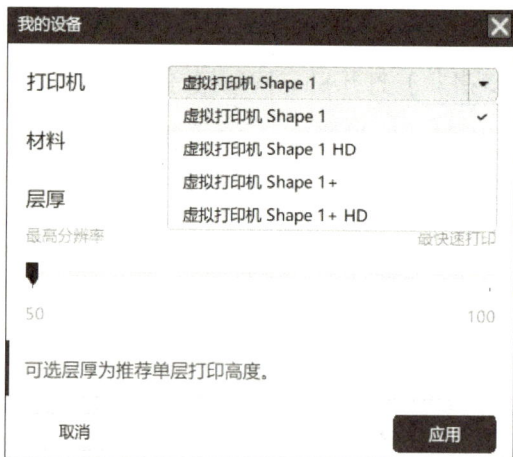

图3-2-13   选择打印机

▶ **步骤6** 选择树脂材料、分层厚度、保存文件

根据模型需要选择树脂材料、分层厚度，完成后单击"保存文件"按钮，如图3-2-14所示。

▶ **步骤7** 将保存文件导出到U盘

将文件保存并导出，如图3-2-15所示。

图3-2-14   选择材料、层厚、文件保存

图3-2-15   保存并导出文件

▶ **步骤8** 打印机读取文件

打印机从U盘中读取待打印文件，如图3-2-16所示。

加载中央翼缘模型文件，如图3-2-17所示。

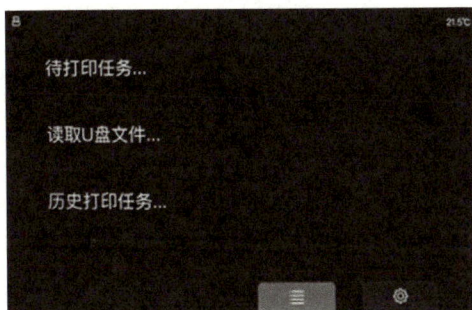

图3-2-16　读取U盘内待打印文件

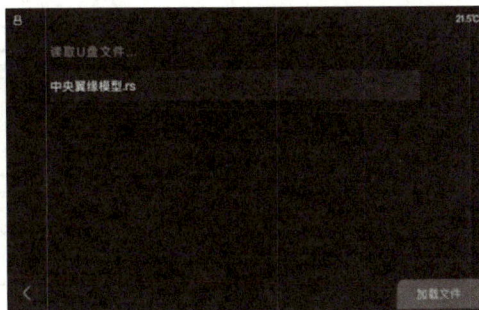

图3-2-17　加载中央翼缘模型文件

选择扩张底板，开始打印，如图3-2-18所示。

▶ 步骤9　开始打印

开始打印如图3-2-19所示。

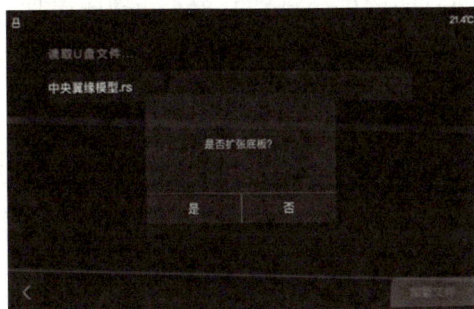

图3-2-18　选择扩张底板

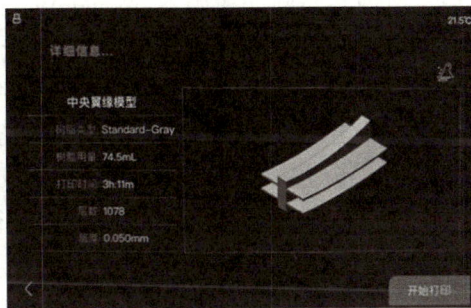

图3-2-19　开始打印

问题情境

问题1　零件的不同摆放方式会对打印产生什么影响？

提示：考虑节约材料、提高成功率、提高打印质量、缩短打印时间及便于后处理等方面。

问题2　打印支撑的添加对打印产生什么影响？

提示：分析其对表面打印质量、打印时间、方便去除支撑及提高打印成功率等方面的作用。

五　学习结果评价

请将学习结果评价填入表3-2-3中。

表3-2-3　学习结果评价

序号	评价内容	评价标准	评价结果
1	熟悉切片软件的功能指令	能讲出切片软件功能指令（2分）	
2	了解模型导入之后需要进行的操作步骤	能讲出模型导入之后需要进行哪些操作步骤（5分）	
3	了解切片软件在打印中的重要性	能讲出切片软件对打印的重要性（3分）	
总分（10分）			

六　拓展阅读

DLP光固化3D打印技术原理

　　Rayshape Shape 1系列3D打印机采用DLP面曝光UV固化3D打印技术。光固化3D打印技术的核心原理是基于光固化化学反应，光敏树脂遇到405nm的紫外光会发生光固化反应，由液态瞬间变成固态。ShapeWare 3D打印软件会将STL文件处理成层片文件，DLP UV光机逐层投影该文件。图3-2-20为Rayshape Shape 1系列3D打印机的结构示意图。树脂槽内盛有光敏树脂，在打印开始阶段，可在Z轴上下移动的打印平台紧贴于树脂槽底部。DLP UV光机使用405nm紫外光投射出待打印文件的层片影像，该影像在树脂槽的底部成像并黏结在打印平台上；完成一层的固化后，打印平台向上抬升固定高度，紧接着DLP UV光机投影固化下一层，如此循环往复，直至将零件完整打印出来。

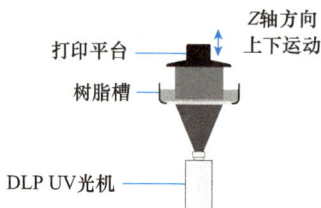

图3-2-20　Rayshape Shape 1系列3D打印机结构

课后作业

职业能力编号：_____

班级：_____　　姓名：_____　　日期：_____

1. 总结切片软件的切片步骤。

----

2. 总结切片软件切片时的注意事项。

任务 3-3 飞机中央翼缘模型打印

职业能力 3-3-1
能完成模型打印

一　核心概念

1　模型处理

模型处理的作用是将设计文件转化为可打印的数字化模型，确保几何完整性和工艺适配性。

2　打印机准备与操作

打印机准备与操作的作用是确保设备、材料与环境满足打印需求，并精准执行切片指令。

3　后期处理

后期处理的作用是去除打印残留并提升模型性能，使其满足最终应用需求。

二　学习目标

- 能完成中央翼缘模型的打印。
- 掌握SLA打印机打印模型的操作。

三　基本知识

3D打印模型的操作可以分为以下几个主要环节：

1）建模与数据处理

创建或获取3D模型：可以使用三维制作软件自行设计并构建出具有三维数据的模型。从网上下载现成的3D模型，这些模型通常可以直接用于3D打印。使用3D扫描仪对实物进行扫描，得到物体的三维数据后加工修复，从而生成3D模型。

格式转换：将设计好的3D模型转换为STL格式，这是目前3D打印制造设备使用的通用接口格式。STL文件用三角网格来表现3D模型，输出STL文件的参数选用会影响到成型质量的好坏。

检查与修复STL文件：使用专门的STL文件编辑软件打开STL文件，并分析模型中是否存在错误信息。对发现的错误进行手动修复，确保模型的完整性和准确性。

切片处理：在计算机上安装3D打印切片软件，将STL格式的3D模型导入其中。切片软件会将模型数据分层，并生成打印机可以识别的文件格式。同时，可以在切片软件中设置打印参数，如层厚、平台温度、是否需要支撑结构等。

2）打印准备与操作

准备3D打印机及材料：确保3D打印机处于正常工作状态，并准备好所需的打印材料（如塑料丝、金属粉末等）；装载材料与调试打印机，设置好打印机的各项参数，如加热温度、打印速度等。

开始打印：将切片软件生成的文件发送到3D打印机中，启动打印机，开始逐层打印模型。在打印过程中，可以通过打印机的显示屏或计算机上的软件实时监控打印进度和状态。

3）后期处理

去除支撑结构：打印完成后，首先需要将模型上的支撑结构去除。这通常需要使用工具（如钳子、剪刀等）小心地将支撑部分剪断并剥离。

打磨与抛光：使用砂纸、打磨机等工具对模型表面进行打磨处理，以去除表面的毛刺和不平整部分。如果需要更高的光泽度和光滑度，还可以进行抛光处理。

上色与装饰：根据需求，可以对模型进行喷漆、电镀等上色处理，使其更加美观和个性化。也可以添加其他装饰元素（如贴纸、雕刻图案等），以增强模型的视觉效果。

四 能力训练

分组完成飞机中央翼缘模型的SLA打印。

1 操作条件

需要使用SLA打印机、计算机。

2 操作过程

1）加载打印数据

可通过以下3种方法加载打印数据：

① 从ShapeWare软件发送打印任务；

② 将切片文件拷入U盘内，插入设备后读取；

③ 选择历史打印数据。

打印数据加载完成后需确认打印数据信息。

2）检查打印平台

如图3-3-1所示，打印平台表面应干净无异物，正确固定。

3）检查树脂槽

如为空树脂槽，目视检查离型膜是否有破损，槽内是否有异物。如槽内有剩余树脂，使用塑料刮板轻刮树脂槽底部，如图3-3-2所示，同时检查离型膜是否有破损，并将树脂搅拌均匀。

图3-3-1 检查打印平台

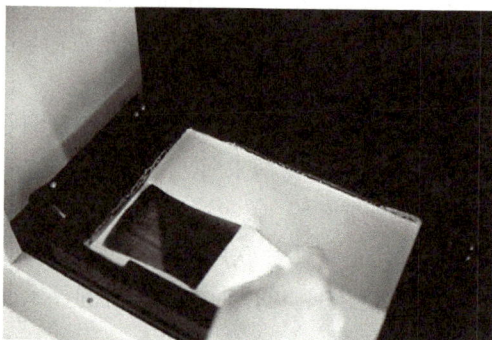

图3-3-2 检查树脂槽

4）添加树脂

根据树脂槽内树脂余量及本次打印树脂消耗量，判断是否需要添加树脂。树脂瓶中的树脂需经充分摇匀后才能倒入树脂槽。摇匀时，应手持树脂瓶在竖直方向上摇晃，同时注意树脂液位勿超过瓶口下沿，如图3-3-3所示。

（a）检查树脂槽内树脂余量

（b）手持树脂瓶姿势

图3-3-3 添加树脂

注意：① 直接接触树脂可能导致皮肤过敏，涉及树脂的操作，应佩戴一次性（丁腈）手套。

② 如不慎误食树脂，应及时寻求专业医疗帮助。

5）打印

单击"开始打印"按钮，打印机开始打印，等待打印结束。

分组对打印时间进行统计，在表3-3-1中对打印中央翼缘模型是否成功进行记录，并对打印出模型存在问题进行总结。

表3-3-1　打印过程记录

序号	打印时间	打印模型是否成功（问题总结）
1		
2		
3		
4		

问题情境

问题　完成模型打印有哪些注意事项？

提示：

选择合适的材料：不同的模型对材料的要求不同，例如需要弹性的部件就不适合用PLA材料打印。因此，在选择打印材料时要根据模型的具体需求来决定。

调整打印参数：层高、填充率、打印速度等参数都会影响最终的打印效果，在打印前，需要根据模型的具体情况来调整这些参数以获得最佳的打印效果。

支撑结构：对于有较大角度的突出部位或者悬空部分，可能需要添加支撑结构来辅助打印。但请注意，过多的支撑会增加去除的难度和耗时，因此在建模时应尽量减少需要加支撑的部位。

合理设置公差：对于精度要求较高的模型，需要在设计时就合理设置公差，以补偿打印过程中可能产生的误差。

注意摆放位置：在打印多个模型时，需要注意它们之间的间隔，以防止因距离过近而导致的打印质量问题。同时，也要尽量减少加支撑的几率，以降低去除支撑的难度和耗时。

安全操作：在操作3D打印机时，请遵循相关的安全操作规程，如佩戴防护眼镜、手套等防护用具；确保电源线连接稳固；避免在打印过程中触碰设备内部结构和打印件等。

五　学习结果评价

请将学习结果评价填入表3-3-2中。

表3-3-2　学习结果评价

序号	评价内容	评价标准	评价结果
1	了解SLA打印机的操作方法，并完成飞机中央翼缘模型打印	能使用SLA打印机完整打印飞机中央翼缘模型（10分）	
	总分（10分）		

（六）拓展阅读

金属3D打印技术在航空航天领域应用的优势，以及面临的挑战和限制

金属3D打印技术以其创新性与突破性，在航空航天领域的应用优势显著，所带来的服务效益尤为突出，主要体现在以下几个方面。

（1）成型材料广泛：只要将金属材料制备成金属粉末，就可以通过SLM技术直接成型具有一定功能的金属零部件。

（2）晶粒细小，组织均匀：快速冷却抑制了晶粒的长大及合金元素的偏析，使金属基体中的合金元素无法析出，从而均匀分布在基体中，形成了晶粒细小、组织均匀的微观结构。

（3）力学性能优异：显微组织往往具有晶粒尺寸小、组织细化、增强相弥散分布等优点，从而使制件表现出特殊的优良综合力学性能。

（4）致密度高：SLM打印过程中金属粉末被完全熔化达到一个液态平衡，有助于最大限度地排除气孔和夹杂等缺陷。快速冷却能够将这一平衡保持到固态，大大提高了金属零部件的致密度，理论上可以达到全致密。

（5）成型精度高：激光束光斑直径小，能量密度高，全程由计算机系统控制成型路径，成型制件尺寸精度高，表面粗糙度低。

尽管金属3D打印技术优点众多，但也面临着一些挑战和限制。

（1）SLM打印过程中的冶金缺陷：球化效应、翘曲变形以及裂纹缺陷严重，限制了高质量金属零部件的成型，需要进一步优化工艺方案。

（2）可成型零件的尺寸限制：目前大尺寸成型零件的工艺还不成熟。

（3）SLM技术工艺参数复杂：现有的技术对SLM的作用机理研究还不够深入，需要长期实验和摸索。

（4）SLM技术和设备的垄断问题：由于被国外垄断导致设备成本高，设备系统的可靠性、稳定性还不能完全满足要求，从而限制了SLM技术进一步的推广和应用。

课后作业

职业能力编号：_____

班级：_____　　　姓名：_____　　　日期：_____

1. 总结SLA、FDM打印机打印模型时的相同之处与不同之处。

----

2. 分析SLA打印机打印模型的优点和缺点。

能及时解决打印中出现的问题

一　核心概念

零件表面毛糙

零件表面毛糙是指零件在制造过程中出现的表面粗糙、不平滑或不均匀的现象。

二　学习目标

- 能解决打印过程中出现的简单问题。
- 掌握打印机的基本操作。

三　基本知识

在 SLA 打印机的打印过程中不可避免地会出现一些问题，如设备无法正常启动、零件掉板、零件底部脱皮、零件表面毛糙、零件难以从成型板上铲下或容易铲坏、打印过程中异常中断、零件部分区域的支撑拉断以及零件有缺失等。此时，打印机操作人员要根据打印机操作说明、故障排除手册等相关资料，快捷地找出故障原因，并及时排除故障。

打印过程中出现的常见问题及处理办法见表 3-3-3。

表 3-3-3　常见问题及处理办法

序号	问题描述	原因分析	解决办法
1	设备无法正常启动	插座没有正常供电	确定插座是否正常供电
		电缆未插或松动	重新插拔电缆，确定可靠连接
		电源开关未开启	启动电源开关，确认亮灯
		内部电气故障	联系产品代理商或售后
2	零件掉板	零件底部不平	观察打印零件的首层轮廓是否完整，确保首层面积没有偏小的问题
		支撑未加到位	检查支撑，添加足够支撑
		打印平台调平调零不到位	检查调平，如有问题，将零位增加 0.1mm 并再次检查
		零件设计不合理	尽量避免倒杯口或大平面形状
		环境温度过低	将设备放置于空调房内，保证环境温度在 20～30℃ 之间
		槽内有异物	戴上橡胶手套，用镊子取出异物
		槽底或防尘玻璃脏	用无尘布蘸干净酒精擦拭，再用干的无尘布再次擦拭，确认料槽底部及防尘玻璃均干净透亮

续表

序号	问题描述	原因分析	解决办法
3	零件底部脱皮	支撑未加到位	检查支撑，添加足够支撑
		零件设计不合理	尽量避免倒杯口或大平面形状
4	零件表面毛糙	零件设计不合理	尽量避免倒杯口或大平面形状
		料槽损伤严重	将料槽内树脂倒出，检查料槽质量，如损伤严重，更换新料槽
		槽底或防尘玻璃脏	用无尘布蘸干净酒精擦拭，再用干的无尘布再次擦拭，确认料槽底部及防尘玻璃均干净透亮
		槽内有异物	将槽内树脂倒出，用干净酒精清洗料槽，确认清除异物
5	零件难以从成型板上铲下或容易铲坏	零件设计不合理	将零件抽壳打印，但壳体厚度不小于2.5mm
		铲刀钝化	更换新的铲刀
6	打印过程中异常中断	停电	检查环境是否有电，电源开关是否亮灯
		零件有问题	检查中断层是否切片存在问题，为空白轮廓
		其他异常原因	在"打印参数设置"界面选择"导出log"并发送至产品人员售后
7	零件部分区域的支撑拉断	支撑未加到位	检查支撑，添加足够支撑
		支撑过细	增加支撑直径
		该区域下方料槽损坏	排版移动位置重新打印
		环境温度过低	将设备放置于空调房内，保证环境温度在20~30℃之间
8	零件有缺失	料槽内树脂不足	添加足够树脂，重新打印，树脂高度应略高于成型板
		料槽有损伤	将料槽内树脂倒出，检查料槽质量，如损伤严重，更换新料槽
		零件设计或加支撑不合理	零件打印过程中出现脱皮现象，将光机投光挡住，或支撑断裂，导致实体缺失，重新设计或加支撑

（四）能力训练

注意观察，本任务中央翼缘模型的SLA打印过程，如发现问题，可仔细对照表3-3-3，及时处理，做到不遗留任何问题，打磨精益求精的工匠精神。

1　操作条件

需要使用SLA打印机、计算机。

2　操作过程

实时观察SLA打印机打印过程，直至零件打印完成。学生在表3-3-4中记录打印过程出现问题，并写出解决办法。

表3-3-4　打印过程记录

序号	问题	解决办法
1		
2		
3		
4		
5		
6		

问题情境

问题1　零件超出平台范围的原因是什么？如何解决？

提示：

原因：打印机切片软件设置的尺寸和机器本身的尺寸不相符或选择了以中心打印。

解决办法：将软件里的打印尺寸设置和机器打印尺寸吻合；xyz结构的不要勾选以中心打印选项。

问题2　零件与平台不黏的原因是什么？如何解决？

提示：

原因：美纹纸的黏性不够或玻璃平台不能直接和模型黏结。

解决办法：更换3D打印专用耐高温美纹纸；玻璃平台要涂PVP型固体胶。

五　学习结果评价

请将学习结果评价填入表3-3-5中。

表3-3-5　学习结果评价

序号	评价内容	评价标准	评价结果
1	了解打印过程中会出现哪些问题	能解决打印过程中出现的简单问题（5分）	
2	了解中央翼缘模型打印过程，并进行监控	能掌握打印机的基本操作，能对中央翼缘模型进行SLA打印，对过程进行监控，及时解决出现的问题（5分）	
总分（10分）			

（六）拓展阅读

SLA打印机前沿技术与未来趋势：引领3D打印革新

随着技术的不断进步，SLA打印机正迎来一场技术革新，其中人工智能（artificial intelligence，AI）驱动的预测性维护和闭环控制系统成为推动行业发展的关键因素。

AI驱动的预测性维护技术正改写SLA打印机的维护模式。利用机器学习算法，这一技术能够分析打印机的历史运行数据，预测潜在设备故障，如激光器的寿命衰减。一方面，基于这种前瞻性的维护策略，用户能够提前规划维护周期，有效降低突发故障带来的生产中断风险，提高设备的整体运行效率；另一方面，闭环控制系统的引入，为SLA打印机带来了革命性的变化。自适应曝光技术是该系统的核心，它能够根据实时监测的树脂黏度数据，动态调整激光参数。这种实时反馈和调整机制确保打印过程中精度的稳定性，大大提升打印件的品质。闭环控制系统的应用，标志着SLA打印机向智能化、精密化迈出了重要一步。

展望未来，SLA打印机将继续沿着AI和闭环控制技术的路径发展，不仅能够提供更高质量的打印服务，还将进一步降低操作门槛，拓宽应用领域。这些前沿技术的融合与应用，无疑将推动SLA打印机乃至整个3D打印行业迈向更加辉煌的未来。

课后作业

职业能力编号：＿＿＿＿＿＿＿＿＿＿＿＿＿＿＿＿

班级：＿＿＿＿＿＿＿　　　姓名：＿＿＿＿＿＿＿　　　日期：＿＿＿＿＿＿＿

总结飞机中央翼缘模型SLA打印过程。

＿＿＿＿＿＿＿＿＿＿＿＿＿＿＿＿＿＿＿＿＿＿＿＿＿＿＿＿＿＿

＿＿＿＿＿＿＿＿＿＿＿＿＿＿＿＿＿＿＿＿＿＿＿＿＿＿＿＿＿＿

＿＿＿＿＿＿＿＿＿＿＿＿＿＿＿＿＿＿＿＿＿＿＿＿＿＿＿＿＿＿

＿＿＿＿＿＿＿＿＿＿＿＿＿＿＿＿＿＿＿＿＿＿＿＿＿＿＿＿＿＿

任务 3-4 飞机中央翼缘模型的SLA打印后处理及打印机的维护保养

职业能力 3-4-1
能后处理模型

一　核心概念

后固化处理

后固化处理是3D打印、复合材料成型、光固化涂层等工艺中的一个重要环节。后固化处理是指在初步固化（如3D打印过程中的每层固化或复合材料的成型固化）完成后，对制品进行进一步的固化处理过程。其主要目的是通过额外的能量输入（通常是热、光或两者结合），使材料内部未完全反应的官能团继续发生交联反应，从而提高材料的最终性能，如机械强度、硬度、耐化学性、尺寸稳定性等。

二　学习目标

- 能简述打印模型后处理步骤。
- 能完成中央翼缘打印模型后处理。

三　基本知识

SLA打印分为前处理、分层叠加成型和后处理三个过程，如图3-4-1所示，其中后处理是SLA打印零件必不可少的过程。

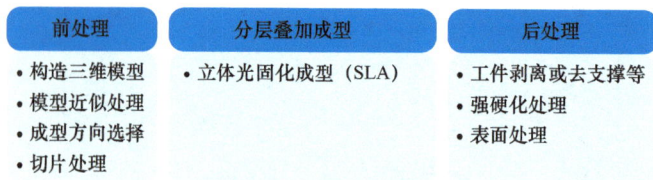

前处理	分层叠加成型	后处理
• 构造三维模型 • 模型近似处理 • 成型方向选择 • 切片处理	• 立体光固化成型（SLA）	• 工件剥离或去支撑等 • 强硬化处理 • 表面处理

图3-4-1　SLA打印过程

SLA打印模型后处理的步骤。

（1）工作台升起并露出液面。打印完成后，将工作台升起，并使其露出液面，停留5~10min，以晾干多余树脂。

（2）清洗成型件和工作台。将成型件和工作台一起倾斜放置，晾干后浸入丙酮、酒精等清洗液中，搅动并刷掉残留的气泡，持续45min左右后放入水池中清洗5min。

（3）取出成型件。将薄片状铲刀插入成型件与升降台板之间，小心取出成型件。成型件较软时，可以将成型件连同升降台板一起取出进行后固化处理。

（4）清除未固化树脂。成型件内部残留的未固化的树脂会在后固化处理或存储的过程中发生暗反应，导致残留树脂固化收缩引起成型件变形，因此从成型件中清除残留树脂很重要。必须在设计CAD三维模型时预先设计一些排液的小孔，或者在成型后用钻头在适当的位置钻出排液孔，将液态树脂排出。

（5）再次清洗成型件表面。将成型件浸入溶剂或超声波清洗槽中清洗掉表面的液态树脂。如果使用水溶性溶剂，应用清水洗掉成型件表面的溶剂，再用压缩空气将水吹干。最后，用蘸有溶剂的棉签除去残留在表面的液态树脂。

（6）后固化处理。当成型件硬度不满足要求时，使用紫外线灯照射的光固化方法或加热的热固化方法对成型件进行后固化处理。使用光固化时，建议使用光照强度较弱且能透射到成型件内部的长波光源进行辐照，以避免由于急剧反应引起内部温度上升。要注意的是，固化过程产生的内应力、温度上升引起的软化等因素会使制件发生变形或者出现裂纹。

（7）去除支撑。用剪刀和镊子等工具将支撑去除，然后用锉刀和砂纸进行打磨。对于比较脆的树脂材料，在后固化处理后去除支撑容易损伤制件，所以建议在后固化处理前去除支撑。

（8）机械加工。这里指根据需要在成型件上打孔和切削螺纹的加工。一般来说，对塑料进行切削、铣削、研磨等精加工时可能会发生小片剥离缺损和开裂等问题。特别是打孔时，要防止开裂和结胶。对于阳离子型树脂模型，进刀速度过低会发生结胶，速度过快会出现裂纹。钻孔时，为了防止出现开裂，应避免钻头的偏心旋转。对于需要加工螺纹的孔，应选择合适的孔径。

四 能力训练

1 操作条件

使用清洗机、固化箱、烧杯、水口钳、砂纸、抛光块、手磨机等。

2 操作过程

▶ 步骤1 零件清洗

（1）推开盖子，将需清洗的零件放在烧杯中，烧杯中加入浓度95%以上的酒精溶液至浸没零件。将烧杯放入清洗槽内，槽内加入清水，保持水位在 MIN 与 MAX 之间，如图 3-4-2 所示。

（2）接通电源，打开电源开关，调整定时，清洗时间为 3min 左右，开始清洗，如图 3-4-3 所示。

图 3-4-2　放置清洗零件

图 3-4-3　清洗零件

（3）取出另一个烧杯，将零件从之前的烧杯中用镊子取出，放入新的、洁净的烧杯中，加入浓度 95% 以上的酒精溶液至浸没零件，放入清洗槽内清洗 3min，如图 3-4-4 所示。

（4）清洗结束后，将零件用镊子取出，吹干，如果表面仍有较严重的黏手感，则需重复清洗，如图 3-4-5 所示。

图 3-4-4　再次清洗零件

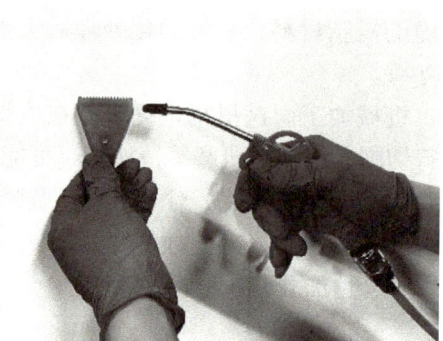

图 3-4-5　吹干零件

▶ 步骤2　后固化

（1）推开盖子，将需要固化的零件放入固化箱内，如图 3-4-6 所示。

（2）打开电源开关，在控制界面选择对应的材料类别和对应的材料，如图 3-4-7 所示。

（3）根据需求，选择合适的固化温度和时间，开始固化，如图 3-4-8 所示。

（4）固化结束，关闭电源，取出打印件，如图 3-4-9 所示。

▶ 步骤3　零件去支撑

去支撑和固化没有前后顺序，可根据不同材料和模型，合理安排顺序。

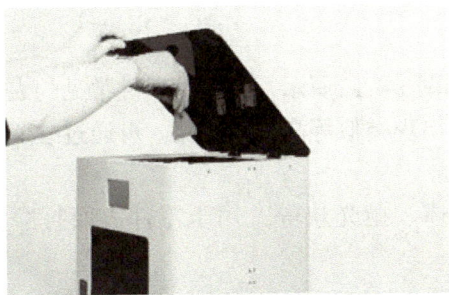

图3-4-6 将零件放入固化箱

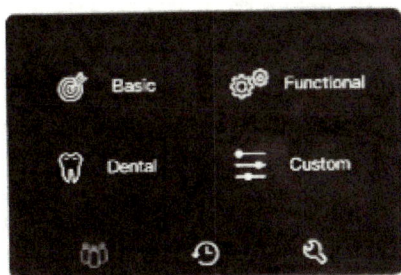

图3-4-7 设置固化箱

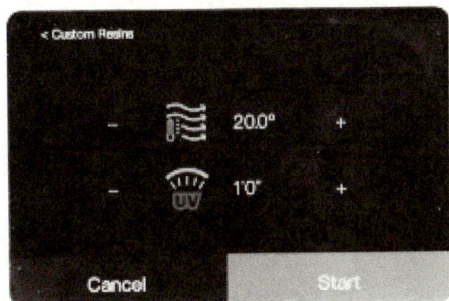

图3-4-8 开始固化

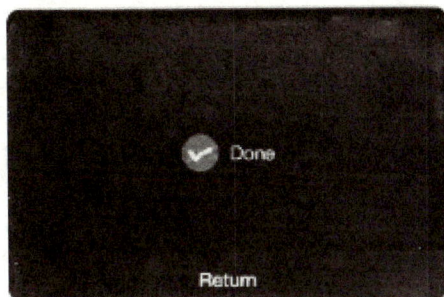

图3-4-9 固化结束

（1）对于成型后偏软（偏韧性，强度不高）的材料，此时先去支撑会在零件上留下支撑点的痕迹，建议先固化后去支撑。

（2）对于成型后强度偏高的材料，固化后可能强度更大，再去支撑更容易出现崩坑，建议固化前去除支撑。

（3）对于一些有长杆、薄壁等特殊结构特征的零件，支撑可以在固化时保持零件不变形或者减少变形，建议先固化后去支撑。

注意： ① 根据模型精细度要求，选择手剥或使用水口钳，如图3-4-10所示，去除支撑，有时直接用手掰除支撑可能会在零件表面形成崩坑。

② 水口钳剪切时，平口面朝向模型，如图3-4-11所示。

③ 建议在去支撑时佩戴好手套和护目镜，以防支撑飞溅导致受伤。

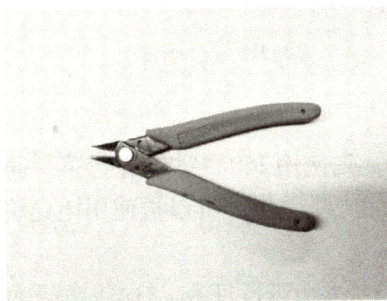

图3-4-10 水口钳

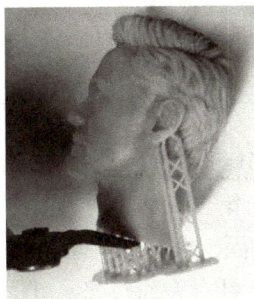

图3-4-11 水口钳使用

步骤4 零件表面处理

受限于SLA打印机的打印技术，台阶纹，如图3-4-12所示，是打印零件常见的表面纹路，特别是在弧形表面经过水平切片打印后，会出现类似等高线的纹路。可通过改变摆放角度等方法避免其出现。

水磨砂纸（80目、240目、600目）、打磨棒、抛光块等，用于零件表面打磨，如图3-4-13所示。

手磨机用于零件打磨和抛光，如图3-4-14所示。

锉刀，用于打印件打磨与修整；刻刀，用于零件修整，如图3-4-15所示。

图3-4-12 台阶纹

砂纸

抛光块

图3-4-13 手动打磨工具

图3-4-14 手磨机

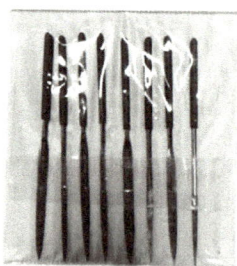

锉刀

刻刀

图3-4-15 修正工具

砂纸打磨：将砂纸和零件润湿（效率更高），先使用240目砂纸进行第一遍打磨，再使用800目砂纸进行第二遍打磨；如果需要更好的光泽效果，可以再使用抛光块进行抛光打磨，如图3-4-16所示。

电动工具打磨：针对表面凸起，可选择合适的打磨头进行打磨，打磨结束后使用砂纸对零件支撑面整体打磨。使用电动工具打磨时要小心，以防打磨到模型部分，如图3-4-17所示。

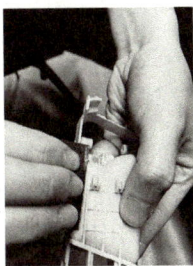

图3-4-16　砂纸打磨　　　　图3-4-17　电动工具打磨

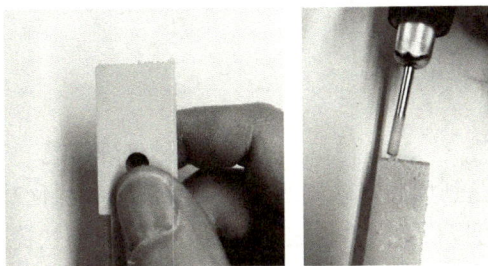

打磨结束后，可以使用流水对零件进行冲洗，使用细软的毛刷将零件各处刷洗干净，并及时将零件吹干。

问题情境

问题　SLA打印之后为什么要对模型进行后处理？

提示：后处理是SLA打印过程中不可或缺的一步，它对零件的质量和性能有着至关重要的影响。在SLA光固化过程中，液态树脂被紫外激光束照射后逐渐固化成固体。然而，由于树脂的收缩和固化过程中的温度变化等因素，零件表面可能会出现微小的凹凸不平、气泡或裂缝等问题。因此，需要进行后处理来改善零件的质量。常见的后处理方法包括打磨和喷涂等。其中，打磨是最常用的方法之一。通过使用砂纸或抛光机等工具，可以将零件表面的凸起和凹陷部分进行打磨平整，使其表面更加光滑。此外，还可以在零件表面喷涂一层透明漆或涂层，以增强其耐用性和美观度。总之，后处理是SLA打印中非常重要的一环，通过合理的后处理工艺，可以大幅提升零件的质量和性能，满足不同领域的需求。

五　学习结果评价

请将学习结果评价填入表3-4-1中。

表3-4-1　学习结果评价

序号	评价内容	评价标准	评价结果
1	了解中央翼缘模型打印后处理步骤	能讲出中央翼缘模型打印的后处理内容和步骤（2分）	
2	了解零件清洗所用到机器及操作步骤	能正确使用清洗机对中央翼缘模型进行清洗（2分）	
3	了解后固化所用到机器及操作步骤	能正确使用固化箱对中央翼缘模型进行固化（3分）	
4	了解去支撑所用到的工具及操作方法	能合理使用工具对中央翼缘模型进行去除支撑（3分）	
总分（10分）			

（六）拓展阅读

喷砂处理工艺

　　喷砂处理是利用高速砂流的冲击作用清理和粗化基体表面的过程。使用喷砂机，如图3-4-18所示，可以快速对零件表面进行处理，方便快捷。喷砂过程使用压缩空气作为动力，形成高速喷射束，将喷料（铜矿砂、石英砂、金刚砂、铁砂、海南砂）喷射到需要处理的零件表面。通过磨料对零件表面的冲击和切削作用，使零件的表面获得一定的清洁度和不同的粗糙度，改善零件表面的力学性能，提高抗疲劳性，增加与涂层之间的附着力，延长涂膜的耐久性，也有利于涂料的流平和装饰。建议进行喷砂处理前先对支撑点进行打磨处理。

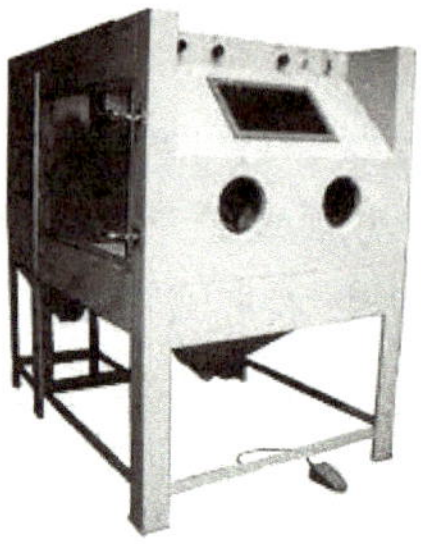

图3-4-18　喷砂机

课后作业

职业能力编号：＿＿＿＿＿＿＿＿＿＿＿＿＿＿＿＿＿＿

班级：＿＿＿＿＿＿＿　　　姓名：＿＿＿＿＿＿＿　　　　　日期：＿＿＿＿＿＿＿

1. SLA打印后处理有哪些步骤？

----

2. SLA打印后处理的技术难点在哪里，有什么解决方法？

职业能力 3-4-2
能对SLA打印机进行维护保养

一 核心概念

光路
- - - - -

在SLA 3D打印机中，光路指的是紫外激光从光源发出到最终聚焦在液态树脂表面进行固化的完整光学传输路径。光路清洁主要是为了避免灰尘、树脂飞溅或指纹会散射或阻挡激光，导致打印精度下降、层纹明显甚至打印失败；振镜反射镜污损可能引起激光偏移，造成模型变形。确保光路中所有光学元件（如振镜、透镜、窗口等）清洁无损，保证激光能量稳定传输和精准聚焦。

二 学习目标

- 能完成SLA打印机维护保养操作。
- 能说出SLA打印机的注意事项。

三 基本知识

1 每次打印前检查

每次打印前检查内容见表3-4-2。

表3-4-2　打印前检查表

检查项目	参考要求	处理方法
环境	无尘，通风，隔离日光，电源稳定安全，平台稳固，温度为25～30℃	按要求整改环境
树脂槽	安装稳固	重新安装树脂槽，快速卡扣卡紧
树脂槽膜	无破损，轻刮底部无颗粒感	使用设备树脂槽清理功能，清理树脂槽膜；或者更换树脂槽膜
离型膜-B	平整，洁净无污染	更换新的离型膜-B
树脂	树脂未超过使用期限；使用前搅拌均匀；满足本次打印需求且不超过树脂MAX线	使用干净的刮板将树脂槽内的树脂搅拌均匀；树脂不够则加入适量已经摇晃均匀的树脂
成型台	安装稳固；成型台面和侧面无打印残留碎片	取下成型台，使用铲刀将成型台上残余的打印碎片铲下，并使用酒精清洁干净
打印数据	文件格式正确，数据完整；排版合理	正确使用软件，选择正确的工艺参数和文件导入方法

2　每次打印后整理

每次打印后整理内容见表3-4-3。

表3-4-3　打印后整理

检查项目	参考要求	处理方法
树脂槽	树脂槽膜无破损，轻刮底部无颗粒感和碎片残留	使用设备树脂槽清理功能，清理树脂槽膜；或者更换树脂槽膜
成型台	成型台面和侧面无打印残留碎片	使用铲刀将成型台上残余的打印碎片铲下，并使用酒精清洁干净
树脂	遮光保存	及时放回瓶或者使用树脂槽盖遮光保存

3　每周检查

每周检查内容见表3-4-4。

表3-4-4　每周检查

检查项目	参考要求	处理方法
树脂槽玻璃	正反面光洁透亮	使用无尘布擦拭干净，难以清洁的油渍可以使用少量酒精
树脂槽膜	无破损，底部光洁无尘，树脂槽膜有较好紧度，轻拍有类似于鼓声	使用无尘布擦拭干净，难以清洁的油渍可以使用少量酒精；已经破损的膜和紧度下降的膜需更换新的树脂槽膜

（四）能力训练

完成任务3-3中央翼缘模型的SLA打印之后要对打印机进行维护保养，确保打印机可以继续正常工作。

1　操作条件

需要使用SLA打印机、计算机。

2　操作过程

▶ 步骤1　光路清洁

SLA打印机为精密光学设备，应保持其光路清洁，以免影响打印精度和质量。应定期对光路（防尘玻璃、树脂槽玻璃、树脂槽离型膜等介质表面）进行清洁维护。可使用无尘布清洁光路介质表面，必要时可使用无水乙醇清洗。

▶ **步骤2** 更换树脂

若只有一个树脂槽，更换树脂的过程如下。

（1）先将当前使用的树脂清空，可将其过滤后倒入不透光的容器中临时存放。

（2）使用酒精彻底清理树脂槽，然后倒入新的树脂使用。

（3）同时，使用酒精彻底清洁打印平台。

若需要在多种树脂间切换使用，建议配备多个树脂槽。

（1）更换打印树脂时，将当前使用的树脂槽取下，放置于干净的平面上并在树脂槽上方覆盖一张A4纸，用于临时存放树脂。

注意：如果预计超过两周不会使用打印机，需清理出树脂槽内树脂，过滤后倒入不透明容器内保存，请勿直接与原液混装。

（2）切换打印树脂时，需同时使用酒精彻底清洁打印平台。

▶ **步骤3** 空气滤芯更换

根据设置的舱内空气过滤强度和更换周期提醒，设备将自动提示更换滤芯。更换滤芯时，取下磁吸滤芯盒盖，拽住滤芯拉绳向外拉出，注意不要用力过猛，以免损坏内部结构。装入新的滤芯时，保证安装到位，最后装回盒盖。

▶ **步骤4** 打印过程中发生零件掉落的维护操作

打印过程中若发生掉板（即零件从打印平台上掉落）、分层（零件的层与层之间脱落、分离）等问题，务必倒出树脂槽内全部树脂，清理干净槽内残渣后，再将树脂过滤后倒回。

3 注意事项

SLA打印机维护的注意事项主要包括以下几点。

（1）确保打印机使用环境的清洁。过多的灰尘可能导致打印头的运动受阻，从而影响打印位置和效果，甚至可能导致设备故障。因此，定期使用干净的柔布擦拭打印机，清除碎屑和灰尘。

（2）正确放置打印机。打印机应放置在一个稳固且水平的表面上，避免长期倾斜摆放，以免影响打印效果和损害打印机的内部结构。同时，不要在打印机的顶部放置任何物品，防止异物落入打印机内部。

（3）对于使用频率较低的打印机，建议每周至少开机打印一次，以避免打印头堵塞。同时，打印时应避免连续长时间打印。

（4）在维护过程中，务必先关机后断电。在插拔打印机电源线及打印电缆时，必须确保打印机已关闭，以防止意外发生。

（5）由于SLA打印机的特殊性，使用的光敏树脂材料可能具有毒性和刺激性气味，因此需要在通风良好的环境中操作，并采取适当的安全防护措施。

问题情境

问题　SLA光路检查方法及标准有哪些？

提示：

方法：强光手电距离观察面5～10cm处倾照射（斜射或者直射均可），然后多角度观察。

标准：反射镜片防尘玻璃、树脂槽玻璃、离型膜-B、树脂槽膜无坑注破损，表面光洁无污染。

五　学习结果评价

请将学习结果评价填入表3-4-5中。

表3-4-5　学习结果评价

序号	评价内容	评价标准	评价结果
1	了解SLA 3D打印技术的工艺过程和技术原理	能讲出SLA打印的工艺过程和技术原理（3分）	
2	了解SLA打印机日常维护保养操作步骤	能根据打印机维护保养的操作步骤对打印机进行维护保养（7分）	
	总分（10分）		

六　拓展阅读

SLA打印机的定期检查和维护工作

（1）检查机罩。目视检查机罩是否有树脂痕迹、裂缝或其他损坏。使用无磨损的超细纤维布和肥皂水或通用清洗剂（如玻璃清洗剂）清洗机罩。机罩存在可透光的裂缝时，需更换机罩。

（2）检查显示屏。目视检查显示屏是否有树脂痕迹。使用未磨损的超细纤维布和通用清洗剂（如玻璃清洗剂）清洗显示屏。

（3）检查集漏器。首先断开电源线，注意活动零部件和螺杆存在挤压和缠结危险。移除构建平台、树脂槽和树脂盒，以便接触集漏器。集漏器通常位于树脂槽喷嘴下方或树脂盒分配装置下方的区域。目视检查集漏器是否有树脂痕迹或污染物，可使用异丙醇（isopropyl alcohol，IPA）和纸巾进行清理。

（4）检查金属外壳。目视检查金属外壳是否有树脂痕迹或其他污染物，可使用肥皂水和纸巾清理树脂痕迹或污染物。

课后作业

职业能力编号：＿＿＿＿＿＿＿＿＿＿＿＿＿＿＿＿＿＿＿＿

班级：＿＿＿＿＿＿＿＿　　　姓名：＿＿＿＿＿＿＿＿＿　　　日期：＿＿＿＿＿＿＿＿＿

1. SLA打印机打印后的维护保养操作有哪些？

----

2. 怎样可以降低SLA打印机出现故障的频率？

综合实训：牙齿的打印

一　核心概念

模型检验与修复

在3D打印中，模型检验与修复是指发现并修正模型中的几何缺陷、拓扑错误和工艺适配问题，避免打印失败或成品质量不达标。

二　学习目标

- 能完成牙齿模型的切片。
- 能完整打印出牙齿模型。
- 能对牙齿模型进行后处理。

三　基本知识

每个人牙齿的大小、牙根的变异性和复杂度、与周围牙齿所处的相对位置等都存在着个性化的差异，难以通过机械批量生产，导致牙齿修复存在一定困难。传统的口腔牙体修复通过手工制作牙齿模型，但由于其存在制作周期长且复杂、精准性不高等问题，已经不能满足时代的发展需求。随着时代的不断进步，3D打印技术已在制作单一牙齿的基础上发展出可制作牙套，并可以通过改进牙套材料和制作方法制造出隐形牙套产品，产品的个性化治疗和精确度方面得到了质的飞跃，医生也可以从设计矫正义齿模型等工作中解放出来。

3D打印牙齿模型过程涉及多个环节，以下是一些关键的环节。

1）打印前准备

模型检验与修复：使用专业软件检查STL文件，确保模型没有反转法向、坏边和噪声壳体等问题。修补模型中的缺陷，并确保模型底边光滑，避免挑选最大接触面贴近底板。

耗材选择与处理：根据打印需求选择合适的耗材，如光敏树脂、PLA、ABS等。光敏树脂在使用前应轻度晃动，避免大力晃动产生气泡。避免皮肤直接接触耗材，特别是未固化的光敏树脂，以防过敏或不适。

打印机设置与环境：将打印机放置在通风、阴凉、少尘的环境内，远离易燃易爆物品和高热源。电源插头需接插在含有地线的三孔插座上，使用本机附加的电源线。检查平台上的旋钮和料槽上固定位置是否卡紧，确保打印稳定性。

2）打印过程

曝光时间控制：根据耗材类型和打印机型号调整曝光时间，避免过曝导致模型膨胀或曝光不足导致不成型。

环境监控：确保打印环境温度适宜（如SLA工艺建议在26℃±5℃），避免阳光直射或有强光的空间。

安全操作：对于SLA等使用紫外激光的打印机，注意防护紫外线照射，佩戴防护眼罩。避免在未充分冷却的情况下触碰喷头或其他高温部件，以防烧伤。

3）后处理

模型拆除：取下模型时尽量带上防护手套，使用金属铲刀铲除时应先用酒精清洗一遍。避免损坏成型平台。

清洗与固化：使用三丙二醇甲醚（tripropylene glycol monomethyl ether，TPM）或无水工业酒精清洗零件，避免使用水分含量大的医用酒精或食用酒精。较厚的零件和需要软化支撑的零件浸泡时间不宜过长。清洗后将零件吹干并进行二次固化。

打磨与静置脱水：打磨前保持零件干爽，用压缩空气吹干不易吹干的地方。带水打磨时尽量快速，避免在水中过多浸泡导致软化变形。静置脱水能够让酒精和水分进一步挥发，提高零件质量。

（四）能力训练

学生能对牙齿模型进行切片、打印、后处理。

1 操作条件

需要使用SLA打印机、计算机和后处理工具。

2 操作过程

学生分组进行牙齿模型切片、打印、后处理。在表3-综-1中对打印模型是否成功进行记录，并对打印出模型存在问题进行总结。

表3-综-1 牙齿打印记录

序号	打印时间	打印模型是否成功（问题总结）
1		
2		
3		
4		

问题情境

问题 SLA打印在医疗领域的应用是如何发展的？

提示：

第一阶段（1995—2000年）：无生物相容性要求的材料，如术前诊断模型、体外医疗器械。

这一阶段标志着3D打印技术开始应用于医疗领域。这一阶段3D打印的产品主要集中在医疗模型和体外医疗器械方面，这些应用的一个特点就是打印的模型无需具备生物相容性，它们不会直接和细胞等产生接触或反应。典型案例：颌面外科手术设计的辅助模型、骨科手术导板等。

第二阶段（2001—2005年）：具有生物相容性，但非降解的材料，如标准化的模块化植入物。

这一阶段的研究比上一阶段有了很大的提升。不再局限于辅助治疗工具，而是可以打印一些直接用于个体医疗的植入物。这些植入物是无毒的，可以和细胞共生的，即有生物相容性的。同时这些工具是不可降解的。典型案例：假耳移植物、人工骨移植等。

第三阶段（2006—2009年）：具有生物相容性，且可以降解的材料，如组织工程支架。

这一阶段的应用是更为高级的应用，也是近些年来各个国家和大学研究的热门领域，同时也取得了很大的突破。这一阶段的特点是，3D打印出来的产品不仅有生物相容性，并且其在人体内是可以逐步被降解的。典型案例：骨组织工程支架、皮肤组织工程支架。

第四阶段（2007年至今）：金属3D打印、活性细胞、蛋白质及其他细胞外基质，如体外仿生三维生物结构体。

这一阶段的应用代表了3D打印技术在医疗领域的最新研究方向。其不局限于打印植入物，而是着眼于直接打印活性细胞、蛋白质及其他细胞外基质等有机物，同时直接打印金属材质的植入物也是这一阶段的内容之一。这与之前几个层次的应用有本质的区别。典型案例：细胞模型、类肝组织模型。

五　学习结果评价

请将学习结果评价填入表3-综-2中。

表3-综-2　学习结果评价

序号	评价内容	评价标准	评价结果
1	了解牙齿模型的切片	能完成牙齿模型的切片（3分）	
2	了解牙齿模型的打印过程	能完整打印出牙齿模型，并及时处理打印过程中出现的问题（4分）	
3	了解牙齿模型的后处理	能对牙齿模型进行后处理（3分）	
总分（10分）			

六 拓展阅读

SLA打印设备操作安全说明

使用设备前，必须仔细阅读并理解设备的安全操作手册，以避免操作人员受到严重伤害。

⚠ 危险：表示存在高风险危害，若不加以避免，将导致死亡或严重伤害。

⚠ 警告：表示存在中等风险危害，若不加以避免，可能导致死亡或严重伤害。

⚠ 小心：表示存在低风险危害，若不加以避免，可能导致小型或轻微伤害。

一些去除支撑的方法可能导致小块支撑结构破裂，要小心弹出的碎屑，戴上护目镜和手套，保护眼睛和皮肤。

① 注意：表示重要但无危害的信息。

⚠ 警告：激光束对眼睛有害，请避免直接接触。

⚠ 危险：易燃化学物。

课后作业

职业能力编号：_____

班级：_____   姓名：_____   日期：_____

搜集高新技术领域中应用SLA打印的产品模型。

_____

_____

_____

_____

模块 4

飞机燃油箱模型逆向建模

随着科技的迅猛发展和市场竞争的扩大，现代工业对产品设计的标准和要求愈发严格。基于此，逆向设计这一方法在工业领域得到了广泛运用。图4-0-1所示为飞机燃油箱模型，本模块通过对飞机燃油箱模型的简易六面体罩模型的扫描、点云处理、逆向建模等内容的学习，引导学生全面了解逆向设计的整个流程，熟悉逆向设计的相关操作，从而帮助学生初步建立起逆向建模能力以及创新能力。

图4-0-1 飞机燃油箱模型

▷ 模块学习目标

1. 能正确使用三维扫描仪；
2. 能完成三维扫描仪的标定；
3. 能完成模型扫描；
4. 能使用 Geomagic Wrap 软件完成模型点云处理；
5. 能使用 Geomagic Design X 软件完成模型逆向建模。

任务 4-1 三维扫描仪的使用

职业能力 4-1-1
能调整、使用三维扫描仪

一 核心概念

1 逆向工程数据采集

在逆向工程、工业设计等众多领域，三维扫描是数据采集的重要方式，三维扫描技术结合了光学、机械、电学和计算机技术，主要用于对物体空间外形、结构及色彩进行扫描，从而获得物体表面的空间坐标。其重要性体现在能够将实物的立体信息转换为计算机能直接处理的数据，为实物数字化提供了相当方便、快捷的手段。

2 逆向工程数据处理

在逆向工作流程中，数据处理是非常关键的一步，它通常涉及两类软件技术。第一类是点云处理：三维测量设备获取的物体三维数字化信息主要是空间上离散的三维点坐标信息，在后期重建模型之前要对获取的大量三维数据信息进行处理，以获得完整、准确的点云数据用于后续的模型工作。点云数据处理的主要工作包括点云去噪、点云光顺、点云采样等。第二类是逆向建模：其功能是根据处理好的点云数据还原模型特征，以便用于后续模型的设计、修改、加工或3D打印。

二 学习目标

- 能简述数据采集、数据处理的概念。
- 能说出三维扫描技术的分类。
- 能简述 Win 3DD 三维扫描仪结构及其作用。
- 能完成云台和三脚架的调整和使用。
- 能完成扫描头的安装。
- 能连接扫描仪和计算机。

三　基本知识

1　三维扫描技术的分类

三维扫描是一种以多种方式扫描物件后，将其实物三维信息转换为3D数字化模型的技术，按照有无碰触到物件分为接触式扫描和非接触式扫描，如图4-1-1所示。

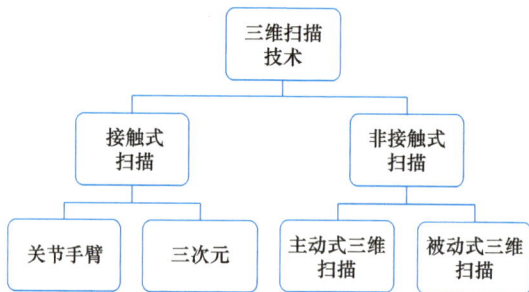

```
            ┌──────────┐
            │ 三维扫描 │
            │   技术   │
            └────┬─────┘
         ┌───────┴────────┐
    ┌────┴────┐      ┌────┴─────┐
    │ 接触式  │      │ 非接触式 │
    │  扫描   │      │   扫描   │
    └────┬────┘      └────┬─────┘
     ┌───┴───┐        ┌───┴────┐
  ┌──┴──┐ ┌──┴──┐  ┌──┴───┐ ┌──┴───┐
  │关节 │ │三次 │  │主动式│ │被动式│
  │手臂 │ │ 元  │  │三维  │ │三维  │
  └─────┘ └─────┘  │扫描  │ │扫描  │
                   └──────┘ └──────┘
```

图 4-1-1　三维扫描技术分类

接触式扫描技术使用感测探针接触物体表面进而获得触碰点位置坐标。因为需要逐点接触物件表面，扫描整个物体相对非接触式来说需要花费更多时间，但也因它与物体直接接触，所以精度较高（有些设备甚至可以达到$0.1\mu m$），普遍用于精密测量和品质检查。但是，由于要接触物体表面，柔软的物体或者是探针伸不进去的沟槽等复杂结构则无法进行扫描。

非接触式扫描是一种将光投射到三维物体上，用以获取物体表面的三维坐标信息的扫描方法。非接触式扫描方法由于其高效性和广泛的适应性，得到了广泛研究，由于其克服了接触式扫描的一些缺点，在逆向工程领域的应用日益广泛。非接触式扫描方式在采集数据时，扫描头通常不与被扫描物体产生接触，从而不会对零件产生变形影响。常见的非接触式扫描方法有结构光测距法、激光三角法、激光干涉扫描法等。

2　Win 3DD 三维扫描仪的结构及其作用

（1）扫描头结构。扫描头的结构包括扫描头扶手、扫描头开关、光栅投射器和相机，如图4-1-2所示。

①扫描头扶手仅在用于云台对扫描头做上下、水平、左右调整时使用。

②扫描头开关的作用是打开或关闭扫描仪。

③光栅投射器的作用是精确测量和检测物体的位置。

④相机的作用是拍摄物体。

（2）云台。云台如图4-1-3所示。调整云台旋钮可使扫描头进行多角度转向。

（3）三脚架。三脚架的作用是稳定支撑扫描仪，通过调整三脚架手柄可对扫描头高低进行调整，如图4-1-4所示。

图 4-1-2　扫描头　　　　图 4-1-3　云台　　　　图 4-1-4　三脚架

（四）能力训练

利用三维扫描仪和 3D 数字化测量仪器，能够准确、快速地将实物的立体信息转换为计算机能直接处理的数字信号。在扫描实物之前需要对扫描仪进行安装和连接。接下来将重点介绍 Win 3DD 三维扫描仪的使用，包括扫描头安装、扫描仪与计算机的连接等。

1　操作条件

一台 Win 3DD 三维扫描仪和安装了 Geomagic Wrap 软件的计算机。

2　操作过程

操作步骤及对应的能力目标如表 4-1-1 所示。

表 4-1-1　操作步骤及能力目标

序号	内容	能力目标
1	云台和三脚架的使用	能正确调整云台； 能正确调整三脚架高度
2	扫描头的安装	能正确将扫描头安装到云台上； 能正确将扫描头从云台上拆卸下来
3	扫描仪与计算机的连接	能正确完成扫描仪与计算机的连接

▶ **步骤 1**　云台和三脚架的使用

云台：通过转动云台，可实现扫描头在上下、水平和左右方向的相应旋转，能够从多个角度获取数据。

三脚架：顺时针转动手柄时，扫描头上升；逆时针转动手柄时，扫描头下降。转动一圈，扫描头上升或下降的距离为 10mm。当三脚架的高度杆伸出距离为一个拳头（约为 100mm）大小时，此时扫描仪距离平板大约为 600mm。

云台和三脚架在角度、高度调整结束后，需要将各个方向的螺钉锁紧，否则可能会因固定不牢造成扫描头内部器件发生碰撞，导致硬件系统损坏；或在扫描过程中引发硬件系统晃动，对扫描结果产生影响。

将云台的位置旋转到合适角度，将三脚架的高度调整到距离底面约600mm的距离，为扫描头的安装做好准备。

▶ 步骤2 扫描头的安装

安装时，直接将扫描头卡槽与云台接口插入并卡紧，如图4-1-5所示。拆分时，按住云台快装板按钮，拔起扫描头即可。

注意： 使用时应避免扫描系统发生碰撞，造成不必要的硬件系统损坏或影响扫描数据质量，而且禁止触碰相机镜头和光栅投射器镜头以免影响扫描精度。

▶ 步骤3 扫描仪与计算机的连接

（1）将连接线连在扫描仪和计算机上。先将连接线连接到计算机上，再将连接线的卡扣对准扫描仪红心位置插入，确保卡扣正确对准并插入到位，如图4-1-6所示。最后点击扫描头的开关，打开扫描仪。

图4-1-5　扫描头的安装　　　　图4-1-6　连接线卡扣对准扫描仪红心

（2）插入加密狗。将Win 3DD配备的加密狗插入到计算机中，如图4-1-7所示。

（3）检查连接结果。打开计算机Geomagic Wrap软件，单击"扫描"选项，如图4-1-8所示。软件中呈现相机投影画面，则表示扫描仪和计算机连接完成。

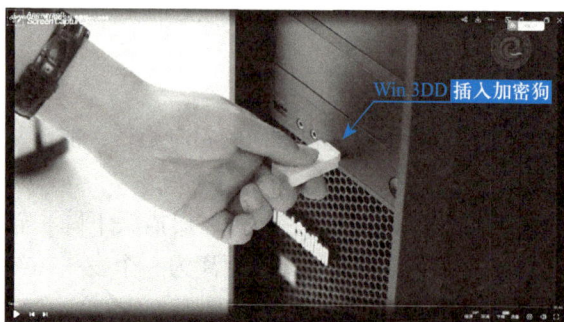

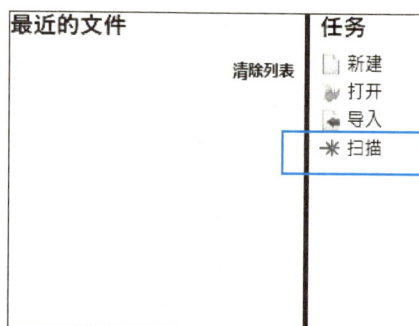

图4-1-7　插入加密狗　　　　图4-1-8　Geomagic Wrap软件

问题情境

问题　能否用扫描仪扫描人脸？

提示：可以使用专门用于扫描人脸的 3D 扫描仪来获取人脸的三维数据。这些 3D 扫描仪能够快速且精确地捕捉人脸的形状和细节，生成一个数字化的三维模型。这种技术常用于数字化建模、医疗美容、社交娱乐等领域。借助 3D 扫描仪，使用者可以轻松地获取人脸的精确结构，从而进行个性化定制、配件设计、艺术创作等。

五　学习结果评价

请将学习结果评价填入表 4-1-2 中。

表 4-1-2　学习结果评价

序号	评价内容	评价标准	评价结果
1	了解数据采集、数据处理的概念	能说出数据采集、数据处理的概念（1.5分）	
2	了解三维扫描技术的分类	能说出三维扫描技术的分类（2分）	
3	了解 Win 3DD 三维扫描仪结构及其作用	能简述 Win 3DD 三维扫描仪结构及其作用（1分）	
4	了解云台和三脚架的调整和使用方法	能说出云台和三脚架调整和使用的方法；能正确完成云台和三脚架的调整（2分）	
5	掌握扫描头的安装	能正确完成扫描头的安装（1.5分）	
6	掌握扫描仪和计算机的连接	能说出扫描仪和计算机的连接步骤；能正确完成扫描仪和计算机的连接（2分）	
总分（10分）			

六　拓展阅读

手持式扫描仪的特点与应用

除了固定式扫描仪之外，越来越多的手持式扫描仪被广泛应用。手持式扫描仪，如图 4-1-9 所示，是一种便携式装置，用于将纸质文件、照片和其他图像转换为数字格式。它通常具有以下特点。

图 4-1-9　手持式扫描仪

体型小巧轻便：手持式扫描仪通常非常小巧轻便，方便携带和使用。它们可以放进背包或口袋中，便于在任何地方进行扫描。

USB或无线连接：大多数手持式扫描仪支持通过USB电缆连接到计算机，也有一些支持无线连接，如WiFi或蓝牙连接，使数据传输更加方便。

高分辨率扫描：手持式扫描仪通常具有高分辨率，可以扫描出清晰细致的图像。一般来说，分辨率越高，扫描出的图像越清晰。

多功能：一些手持式扫描仪不仅可以扫描文档和照片，还可以扫描名片、合同、书籍等多种文件。同时，一些扫描仪还具备光学字符识别（optical character recognition，OCR）功能，可以将扫描的文本转换成可编辑的电子文档。

软件支持：大多数手持式扫描仪配备相应的软件，用于浏览、编辑和存储扫描的图像和文档。这些软件通常兼容各种操作系统，并具有一些基本的图像处理功能。

课后作业

职业能力编号：＿＿＿＿＿＿＿＿＿＿＿＿＿＿＿＿

班级：＿＿＿＿＿＿　　　　姓名：＿＿＿＿＿＿　　　　日期：＿＿＿＿＿＿

1. 解释什么是数据处理。

2. 三维扫描技术的分类有哪些？

3. 简述三维扫描仪的使用。

职业能力4-1-2
能对三维扫描仪进行标定

一　核心概念

1　扫描仪标定

扫描仪标定是指对扫描仪进行校准和调整，以确保其能够准确地捕捉、转换和重现扫描的物体。扫描仪标定通常有四个作用。

（1）灰度校准：调整扫描仪的灰度范围，以确保生成的点云数据具有准确的亮度和对比度。

（2）颜色校准：对于彩色扫描仪，进行颜色校准是非常重要的。它可以调整红、绿、蓝三个基色的平衡，并确保扫描结果中的颜色与原物体的颜色一致。

（3）分辨率校准：分辨率是扫描仪能够捕捉细节的能力。通过标定，可以调整扫描仪的分辨率，以确保扫描到的点云数据具有足够的清晰度和细节。

（4）对比度和亮度校准：通过调整扫描仪的对比度和亮度设置，可以使扫描到的物体在黑白和灰度范围内表现更准确，确保图像的清晰度和可读性。

2　扫描仪的标定误差

扫描仪的标定误差是指在扫描仪的标定过程中，由于仪器自身、操作环境或标定方法等因素导致的测量结果与实际值之间的差异。标定误差的主要原因包括仪器内部误差、外界环境影响、标定方法误差。操作人员的经验和技能水平也会影响标定过程的精度。为了减小标定误差，需要从多个方面入手，包括改进标定算法、提高标定靶标的精度和稳定性、优化操作流程等。同时，也需要根据具体的应用场景选择合适的标定方法和设备，以确保测量结果的准确性和可靠性。

二　学习目标

- 能简述扫描仪标定的概念及其作用。
- 能简述扫描仪标定的注意事项。
- 能说出扫描件的表面处理方法。
- 能简述扫描件粘贴标记点的注意事项。
- 能完成扫描仪的标定。

三　基本知识

1　扫描仪标定的注意事项

扫描仪标定是保证扫描系统精度的基础，因此扫描系统在安装完成后，在第一次扫描前必须进行标定。除此之外，在以下几种情况下也需要进行标定。

（1）对扫描系统进行远途运输后。

（2）对硬件进行调整后。

（3）硬件发生碰撞或者严重震动后。

（4）设备长时间不使用再次启用时。

注意：标定的每步都要将标定板上的99个标志点提取出来，才能继续下一步标定，如图4-1-10所示；如果最后计算得到的误差结果太大，标定精度不符合要求，则需要重新标定，否则会导致扫描结果无效或点云质量差。

2　扫描件的表面处理

当扫描表面粗糙或颜色较深时，扫描仪不易扫描或影响正确的扫描效果，此时需要喷涂一层显像剂再进行扫描，如图4-1-11所示。对喷涂后的工件进行扫描可获得更加理想的点云数据，为之后的CAD建模打下基础。

注意：喷涂显像剂时，喷涂距离约为30cm，并且喷涂层应尽可能薄而均匀。

图4-1-10　标定板标定

图4-1-11　显像剂

3　扫描件粘贴标志点的注意事项

当需要扫描整体点云时，需要对工件粘贴标志点，以进行拼接扫描。在粘贴时，需要注意以下几点。

（1）标志点尽量粘贴在平面区域或者曲率较小的曲面，且与工件边界拉开一定距离。

（2）标志点不要粘贴在一条直线上，且不要对称粘贴。

（3）公共标志点至少为3个，但因扫描角度等原因，一般建议5～7个为宜。

（4）标志点应使相机在多种角度均可捕捉到。

（四）能力训练

在职业能力4-1-1中，学习了扫描仪的安装以及与计算机的连接，接下来需要对扫描仪进行标定，以获得较高的扫描精度。

1 操作条件

一台Win 3DD三维扫描仪、安装了Geomagic Wrap软件的计算机。

需要准备的标定工具见表4-1-3。

表4-1-3　标定所需工具

工具	作用
标定板	起到标定作用
标志点	粘贴标志点进行拼接扫描，从而得到整体点云
橡皮泥	为了能更方便地固定模型件，可以使用橡皮泥将模型固定在转盘上
转盘	辅助工具，帮助工件旋转，扫描工件各个位置

2 操作步骤

（1）打开Geomagic Wrap软件，在"采集"菜单栏中单击"扫描"按钮，或在弹出的"Wrap三维扫描系统"对话框中单击"扫描"按钮，如图4-1-12所示。

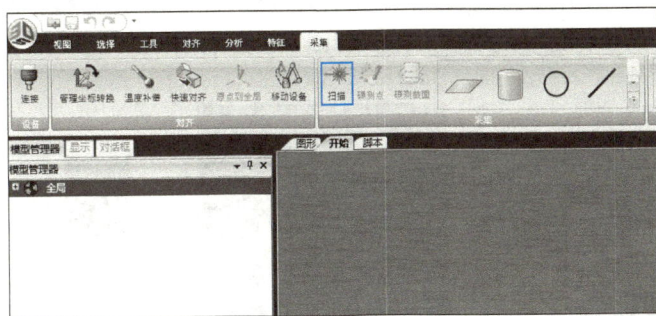

图4-1-12　单击"扫描"按钮

（2）先单击"开始标定"按钮，之后单击右侧的"显示帮助"按钮，根据提示开始标定，如图4-1-13所示。

（3）开始标定。

① 将标定板按正确摆放位置正对扫描仪，标定板距设备600mm。调整完毕后单击左下方的"标定步骤1"按钮，如图4-1-14所示。

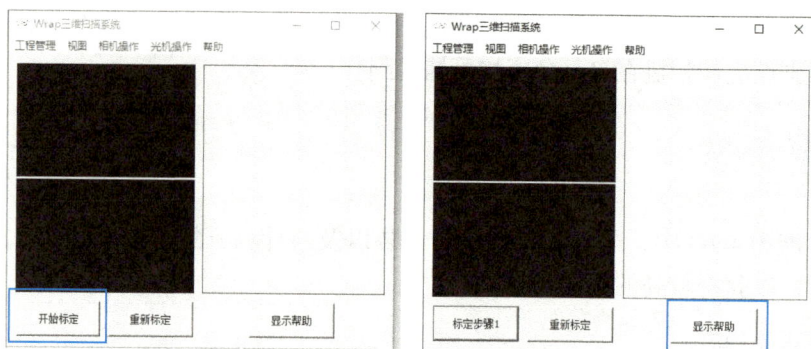

图 4-1-13　开始标定

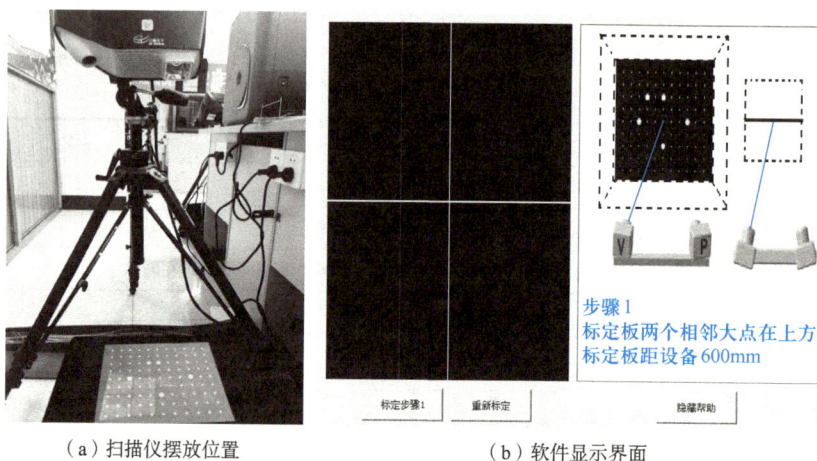

（a）扫描仪摆放位置　　　　　　　　（b）软件显示界面

图 4-1-14　标定步骤 1

② 顺时针转动手柄 4 圈，使扫描仪向上移动 40mm，保证标定板距设备 640mm。调整完毕后单击左下方的"标定步骤 2"按钮，如图 4-1-15 所示。

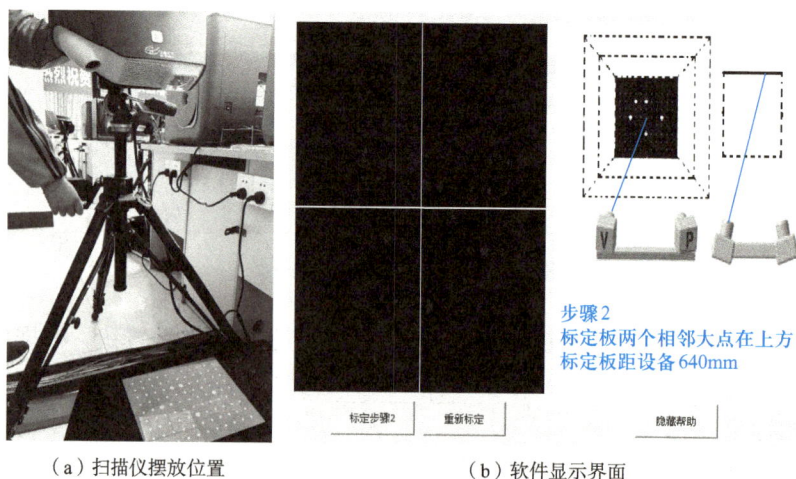

（a）扫描仪摆放位置　　　　　　　　（b）软件显示界面

图 4-1-15　标定步骤 2

③ 逆时针转动手柄8圈，使扫描仪向下移动80mm，保证标定板距设备560mm。调整完毕后单击左下方的"标定步骤3"按钮，如图4-1-16所示。

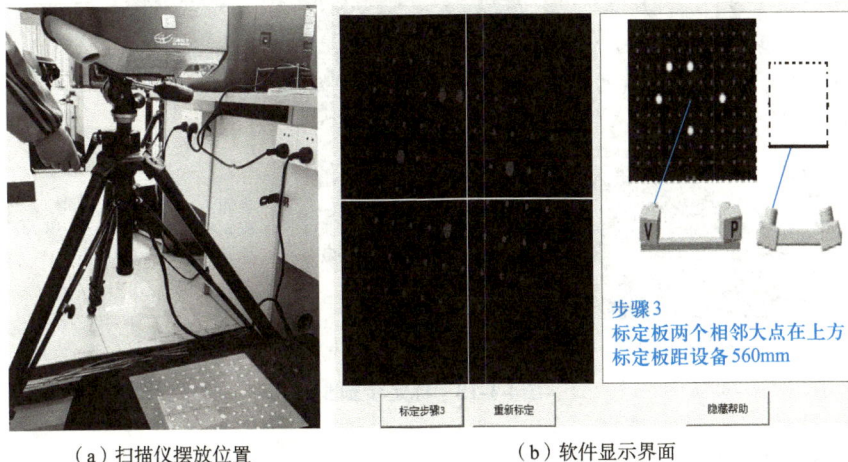

（a）扫描仪摆放位置　　　　　　　（b）软件显示界面

图 4-1-16　标定步骤3

④ 顺时针转动手柄4圈，使扫描仪向上移动40mm，保证标定板距设备600mm。将标定板顺时针旋转90°，并在标定板左上角垫上垫高块。调整完毕后单击左下方的"标定步骤4"按钮，如图4-1-17所示。

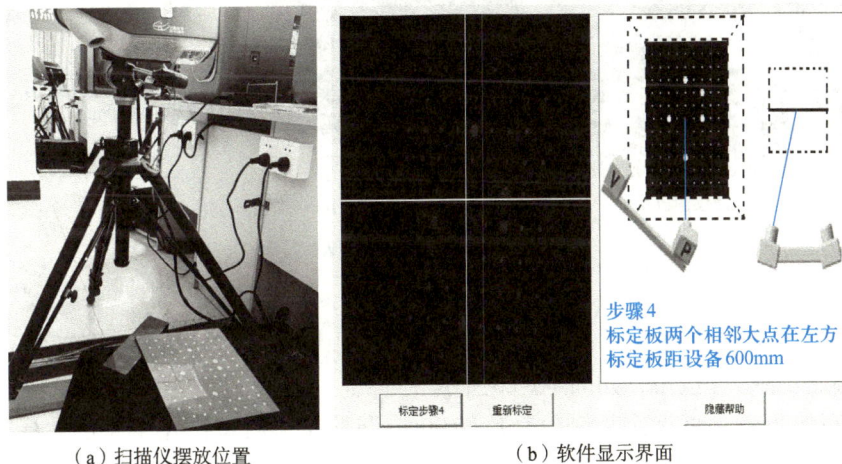

（a）扫描仪摆放位置　　　　　　　（b）软件显示界面

图 4-1-17　标定步骤4

⑤ 垫高块不动，将标定板顺时针旋转90°。调整完毕后单击左下方的"标定步骤5"按钮，如图4-1-18所示。

⑥ 垫高块不动，将标定板顺时针旋转90°。调整完毕后单击左下方的"标定步骤6"按钮，如图4-1-19所示。

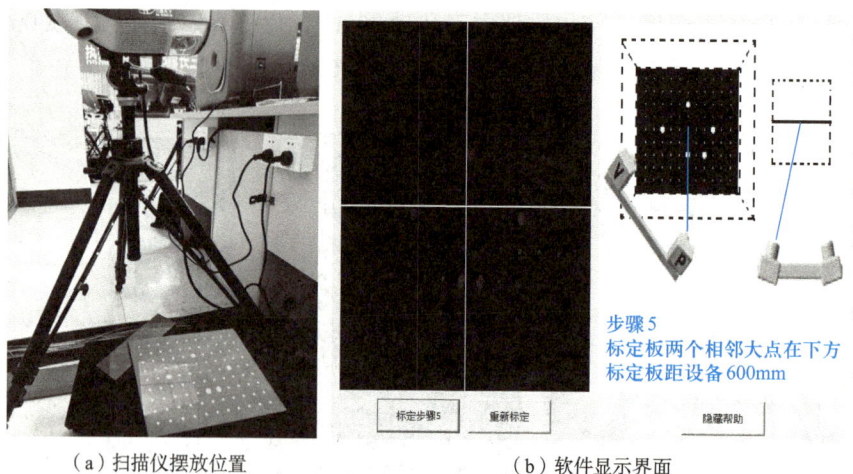

（a）扫描仪摆放位置　　　　　　（b）软件显示界面

图4-1-18　标定步骤5

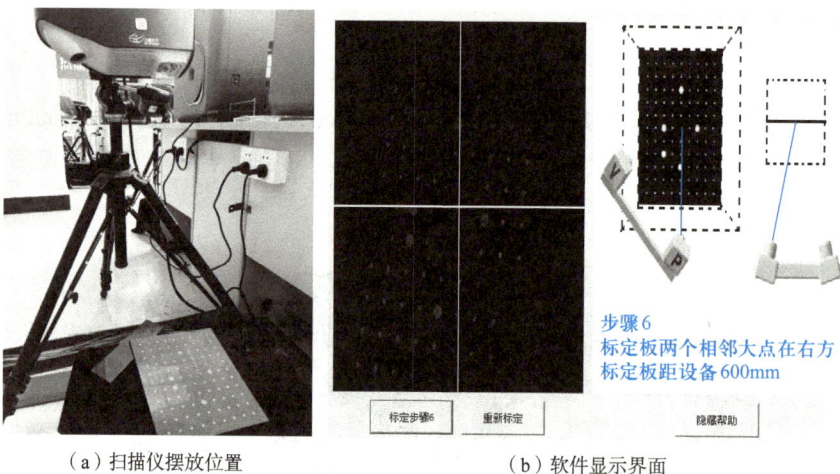

（a）扫描仪摆放位置　　　　　　（b）软件显示界面

图4-1-19　标定步骤6

⑦ 将垫高块放置在标定板右下角，同时将标定板顺时针旋转90°。调整完毕后单击左下方的"标定步骤7"按钮，如图4-1-20所示。

⑧ 垫高块不动，将标定板顺时针旋转90°。调整完毕后单击左下方的"标定步骤8"按钮，如图4-1-21所示。

⑨ 垫高块不动，将标定板顺时针旋转90°。调整完毕后单击左下方的"标定步骤9"按钮，如图4-1-22所示。

⑩ 垫高块不动，将标定板顺时针旋转90°。调整完毕后单击左下方的"标定步骤10"按钮，如图4-1-23所示。

标定完成后，左下方会显示标定结果的平均误差，误差小于0.05即为合格。

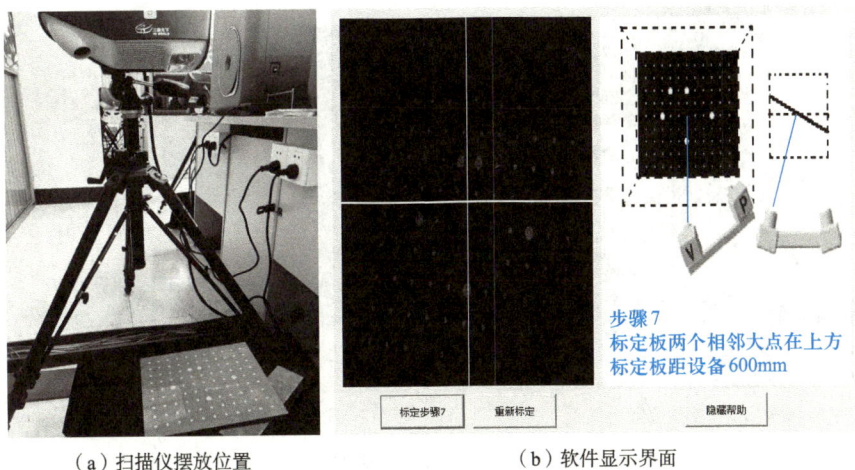

（a）扫描仪摆放位置　　　　　　（b）软件显示界面

图4-1-20　标定步骤7

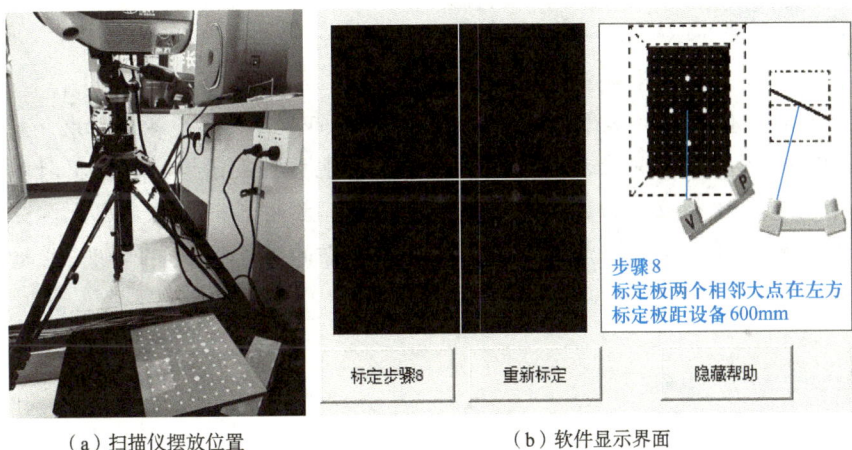

（a）扫描仪摆放位置　　　　　　（b）软件显示界面

图4-1-21　标定步骤8

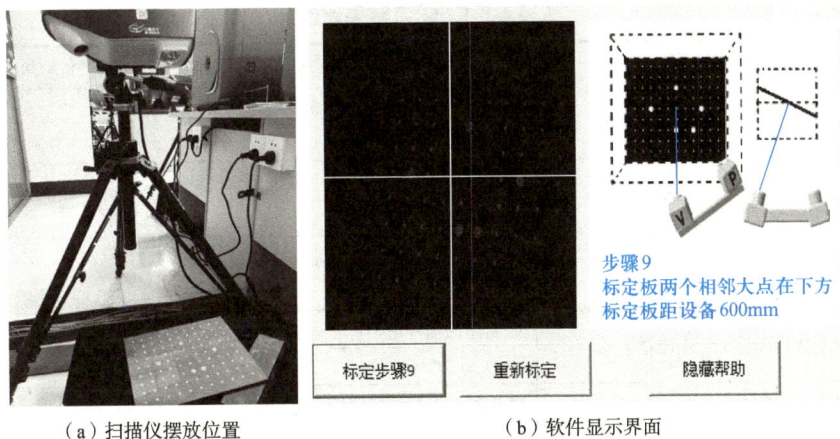

（a）扫描仪摆放位置　　　　　　（b）软件显示界面

图4-1-22　标定步骤9

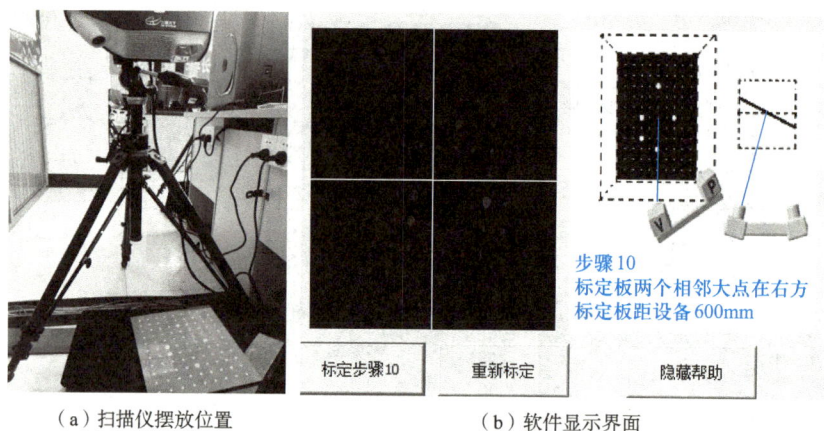

（a）扫描仪摆放位置　　　　　　　　　　（b）软件显示界面

图 4-1-23　标定步骤 10

问题情境

问题　扫描仪的分辨率是多少？

提示：扫描仪的分辨率设置在 150～300DPI 之间即可满足大多数需求。对于黑白文档，300DPI 通常已能充分满足要求；而对于彩色文档或图像，可根据打印机的打印分辨率选择与之相应的扫描分辨率；对于条形码扫描器则需要考虑光学分辨率和最大分辨率的区别。总之，最终的选择应根据扫描的具体目的和所期望的输出效果来决定。

五　学习结果评价

请将学习结果评价填入表 4-1-4 中。

表 4-1-4　学习结果评价

序号	评价内容	评价标准	评价结果
1	了解扫描仪标定的概念及其作用	能简述扫描仪标定的概念及其作用（2分）	
2	了解扫描仪标定的注意事项	能简述扫描仪标定的注意事项（2分）	
3	了解扫描件的表面处理	能说出扫描件的表面处理方法（2分）	
4	了解扫描件粘贴标记点注意事项	能简述扫描件粘贴标记点的注意事项（2分）	
5	了解扫描仪的标定	能正确完成扫描仪的标定（2分）	
总分（10分）			

（六）拓展阅读

三维扫描仪标定的意义

三维扫描仪标定的意义在于精准确定测量系统的几何参数，包括相机的位置和方向，以及相机镜头和相机芯片的成像特性。这些参数是软件计算的基础，决定了整个测量系统获取数据的质量和精度。具体而言，标定的过程是通过相机拍摄带有固定间距图案阵列的标定板，随后通过标定算法计算得出相机成像的几何模型。通过这样的标定操作，可以确保扫描仪获得高精度的测量结果。

课后作业

职业能力编号：_____

班级：_____　　姓名：_____　　日期：_____

1. 粘贴标志点有哪些注意事项？

----

2. 什么情况下需要对工件表面进行处理？

任务 4-2　飞机燃油箱六面体罩模型数据采集

职业能力 4-2-1
能完成逆向工程基本工作流程

一　核心概念

逆向工程

- - - - - - - -

逆向工程（又称逆向技术），是一种产品设计技术再现过程，通过对目标产品进行逆向分析和研究，从而推导出该产品的处理流程、组织结构、功能特性及技术规格等设计要素。其目的是制作出功能相近，但又不完全一样的产品。逆向工程源于商业及军事领域中的硬件分析，其核心目的是在不能轻易获取必要的生产信息时，直接从成品进行分析，推导出产品的设计原理。

传统的正向工程通常是从概念设计到图样，再制造出产品，即由未知到已知、由想象到现实的过程，是"从无到有"；而逆向工程是基于现有实体的测量数据来重构其三维CAD信息模型的过程，即通过将模型的文件格式加以转换，能够被快速原型制造系统所接受，从而实现产品的快速开发，是"从有到新"。

二　学习目标

- 能简述逆向工程的定义。
- 能简述逆向工程的应用领域。
- 能列举逆向工程主要设备和软件。
- 能简述逆向工程的工作流程。

三　基本知识

1　逆向工程的应用领域

- - - - - - - - - - - - - - -

（1）制造领域：逆向工程被广泛应用于产品分析、研究和改进。通过对竞争对手的产品进行逆向工程分析，可以了解产品设计、功能和制造方式，从而提升自身产品和工艺。

（2）计算机科学和信息安全领域：逆向工程在软件和硬件领域都有广泛应用。它可以用来分析和破解软件和硬件系统，以提高程序代码的质量和安全性，以及检测和修补安全漏洞。

（3）医疗领域：逆向工程可以用于医疗器械和设备的分析和改进，以提高医疗服务的质量和效率。

（4）建筑领域：逆向工程可以用于建筑遗产的保护和修复。

2 逆向工程主要设备和软件

（1）数据采集设备：三坐标测量仪、扫描仪等。

（2）CAD软件：CAD软件是计算机辅助设计软件的简称，是一类用于计算机辅助设计的工具软件。CAD软件广泛应用于机械、电子、建筑和土木工程等领域，主要包括AutoCAD、CATIA、UG、SOLIDWORKS、ProE等。

（3）逆向建模软件：常用软件为Geomagic Design X。在开发新产品的概念时，制造商可以对现有产品进行逆向工程以获得作为起点的设计。在设计阶段，逆向工程可以帮助制造商确保新设计能够与现有产品正确连接。

（四）**能力训练**

逆向工程是一种通过分析产品的结构、性能和工艺过程，重建和再制造产品的技术方法。逆向工程能够为企业提供许多有价值的信息，比如技术参考、产品优化、改进和复制等。以下是逆向工程的一般流程。

1 操作条件

需要使用一台数据采集设备、一台快速成型3D打印机、安装了CAD软件和逆向建模软件的计算机。

2 操作步骤

▶ 步骤1 收集数据和信息

在进行逆向工程之前，需要收集所需的产品数据和信息。这包括产品外观信息、结构材料、性能参数等。可以通过文献调研、实地观察、产品拆解、测量和测试等方式进行数据和信息的收集。

▶ 步骤2 建立三维模型

在获得产品的数据和信息后，需要使用相应的软件工具进行数据处理和建模。使用CAD软件可以根据获得的数据和信息，构建产品的三维模型。在建立三维模型的过程中，需要考虑产品的外观、结构和功能等因素。

▶ **步骤3**　分析和评估产品

在建立三维模型之后,需要对所建立的模型进行分析和评估,这包括产品结构、材料、配件和工艺等方面。通过分析和评估,可以了解产品的结构和性能等方面的问题,为后续的优化和改进提供依据。

▶ **步骤4**　模型优化和改进

在进行产品分析和评估后,可以根据产品的问题和需求进行模型的优化和改进。通过修改和优化产品的结构、材料、设计和工艺等方面来改进产品提高产品的性能和质量,满足市场需求。

▶ **步骤5**　制作产品样品

在进行模型优化和改进后,需要制作样品。可以使用快速成型技术,如光固化快速成型、熔融沉积成型等制作产品的样品。样品制作完成后,可以进行产品性能测试和实际应用评估,以进一步优化产品的设计和工艺。

▶ **步骤6**　建立生产工艺

在完成样品制作和实际应用评估之后,可以建立生产工艺。根据产品设计和工艺要求,建立相应的生产工艺流程,包括材料采购、零部件加工、装配和检测等。生产工艺的建立需要考虑产品的质量和效率等方面的要求,确保产品的生产和质量稳定。

总之,逆向工程是一种重建和再制造产品的技术方法,工艺流程包括数据收集、建立三维模型、分析和评估产品、模型优化和改进、制作样品、建立生产工艺等步骤。逆向工程能够为企业提供许多有价值的信息和技术支持,有助于产品的优化和改进,提高产品的竞争力和市场价值。

问题情境

问题　逆向工程数据采集技术在医学领域的应用有哪些?

提示: 随着科学技术的快速发展,逆向工程数据采集技术在各行各业中的应用越来越广,尤其是在医学领域上的应用。目前,医学领域大多通过CT或者MRI扫描采集点云数据,并使用Geomagic Design X软件的建模功能绘制出合格的医用模型。例如,逆向工程数据采集技术可以对不同患者的患病器官或部位进行医学重建,也可以采集人体骨骼原本的形状和结构,完成逆向建模,尤其大幅减少患者等待治疗的时间,也更加利于患者的康复。

五　学习结果评价

请将学习结果评价填入表4-2-1中。

表 4-2-1 学习结果评价

序号	评价内容	评价标准	评价结果
1	了解逆向工程的定义	能简述逆向工程的定义（2分）	
2	了解逆向工程的应用领域	能简述逆向工程的应用领域（2分）	
3	了解逆向工程主要设备和软件	能列举逆向工程主要设备和软件（2分）	
4	了解逆向工程工作流程	能简述逆向工程工作流程（4分）	
总分（10分）			

六 拓展阅读

逆向工程在新产品开发中的应用与挑战

随着技术的不断更新，逆向工程已经成为联结新产品开发过程中的技术纽带，可使产品研制周期缩短40%以上，极大地提高了生产率和竞争力。逆向工程在新产品开发过程中居于核心地位，被广泛应用于汽车、飞机、家用电器、模具等产品的改型与创新设计中，是实现新产品快速开发的重要技术手段，对科学技术水平的提高和经济发展具有重大意义。

虽然逆向工程在数据处理、曲面处理、曲面拟合、规则特征的识别、专用商业软件和三维扫描仪的开发等方面取得了非常显著的进步，然而在实际应用中，逆向工程缺乏明确的建模指导方针，整个过程仍需大量的人工交互。操作者的经验和素质影响着产品的质量，自动重建曲面的光顺性难以保证，对建模人员的经验和技术技能依赖较重。目前的逆向工程CAD建模软件大多仍以构造满足一定精度和光顺性要求的CAD模型为最终目标，没有考虑产品的创新需求，因此逆向工程技术目前依然是CAD/CAM领域中一个十分活跃的研究方向。

课后作业

职业能力编号：_____

班级：_____　　　　姓名：_____　　　　日期：_____

1. 什么是逆向工程？

----

2. 逆向工程应用领域有哪些？

----

3. 总结逆向工程工作流程。

职业能力 4-2-2
能扫描模型进行点云数据采集

一　核心概念

非接触式测量

非接触式测量是指在零部件尺寸测量的过程中测量设备与被测零部件全程无接触。常见的非接触式测量设备有二维测量仪、影像测量仪、结构光三维扫描仪。二维测量仪和影像测量仪主要采用单目工业相机，对俯视图成像进行边缘分析并生成测量线；结构光三维扫描仪采用的是双目工业相机配合编码光栅，采集零件多方位的数据，生成三维数据，并在三维数据的基础上实现尺寸测量。

二　学习目标

- 能简述非接触式测量的定义。
- 能简述三维光学扫描仪原理。
- 能简述三维光学扫描仪使用环境要求。
- 能操作光学扫描仪完成点云数据采集。

三　基本知识

1　三维光学扫描仪的原理

三维光学扫描仪是一种能够获取物体空间几何形状和表面纹理信息的测量设备，用于工业设计、医疗、文物保护等领域。三维扫描仪通过发射一束激光或光线照射到物体表面，并接收反射回来的光线，使用传感器（如激光头、相机等）来测量点光源相对于扫描仪的距离和光线反射角度。这些数据随后被转换成数字模型，通常以点云的形式存储在计算机中。点云数据的精度和数量会受到设备本身的性能以及测量范围和速度的限制。三维扫描仪的应用场景非常广泛，以下介绍几个典型的应用场景。

（1）工业设计。工业设计领域广泛应用三维扫描仪，并与CAD/CAM系统结合使用，以加速产品开发和优化设计。通过扫描实物模型并将其转换成三维模型，设计师可以轻松地对模型进行修改和优化，并将其快速转换成数字模型。

（2）医疗。三维扫描仪在医疗领域也有广泛应用，比如牙医使用三维扫描技术来获取患者口腔内的信息并在计算机上重建出准确的三维模型，以便制作定制化的牙套和矫正器等。

（3）文物保护。三维扫描仪也可应用于文物保护领域。通过扫描文物表面，可以准确记录文物的尺寸、形状和细节信息，并生成高精度的三维模型。这为文物的数字化保护、研究和展示提供了有力的支持。

2 三维光学扫描仪使用环境要求

（1）光照均匀。对于三维光学扫描仪来说，均匀的光照可以提供更好的扫描结果，因此环境光照应尽量避免明暗不均的情况，避免造成阴影干扰扫描结果。

（2）光照无反射。环境光照应尽量避免反射，因为反射会导致扫描结果中出现额外的噪点和形状变形。

（3）足够的光照强度。环境光照应具有足够的强度，以确保三维光学扫描仪能够获取清晰的图像，并正确地捕捉物体的细节和纹理。

（4）环境光的稳定性。环境光照应该是稳定的，避免频繁的变化或闪烁，以免造成扫描结果的不准确或不一致。

（5）色温一致性。在某些应用中，对环境光的色温一致性要求较高，需保证色温一致以确保扫描结果的色彩准确性。

（四）能力训练

标定成功后，就可以开始扫描工件，以获得扫描件的点云数据，为接下来的点云处理做准备。这里以六面体模型作为扫描件进行说明。

1 操作条件

需要使用一台 Win 3DD 三维扫描仪、安装了 Geomagic Wrap 软件的计算机。

2 操作步骤

模型件的扫描步骤见表4-2-2。

表4-2-2   模型的扫描步骤

步骤	具体操作	图示
1	新建工程并命名为"模型件"。将模型件贴上标志点的两面正对相机，放置在转盘上。确定转盘和模型件在十字中间后缓缓旋转转盘一周，在软件右侧实时显示区域观察，确保能够扫描到整体	

步骤	具体操作	图示
2	单击"开始扫描"按钮，系统将自动进行单帧扫描	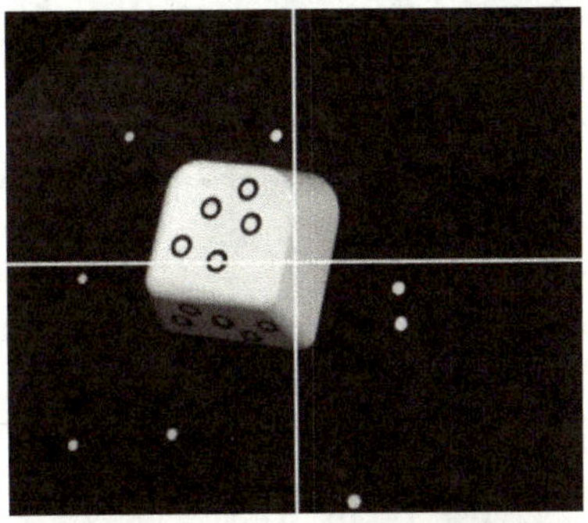
3	转动转盘约90°，然后单击"开始扫描"按钮，系统将进行第2次扫描	
4	继续转动转盘约90°，然后单击"开始扫描"按钮，系统将进行第3次扫描	
5	再继续转动转盘约90°，然后单击"开始扫描"按钮，系统将进行第4次扫描	
6	前面的2~5步已将模型件的上表面数据扫描完成，接着将模型件从转盘上取下，翻转转盘，以便能够扫描模型的另一面。单击"开始扫描"按钮，系统将进行第5次扫描	

续表

步骤	具体操作	图示
7	转动转盘约90°，然后单击"开始扫描"按钮，系统将进行第6次扫描	
8	继续转动转盘约90°，然后单击"开始扫描"按钮，系统将进行第7次扫描	
9	再继续转动转盘约90°，然后单击"开始扫描"按钮，系统将进行第8次扫描，最终获得完整的点云数据。扫描软件会利用标志点识别和匹配技术将上表面和下表面的扫描数据拼接在一起	

问题情境

问题　扫描仪和数码相机有什么区别？

提示：扫描仪是将原始的线条、图形、文字、照片、平面实物转换成可以编辑及加工的文件的装置；数码相机是摄取景物反射出的光线，通过照相镜头（摄景物镜）和控制曝光量的快门聚焦，将被摄景物在暗箱内的感光材料上形成潜像，经冲洗处理（即显影、定影）构成永久性的影像的装置。

五　学习结果评价

请将学习结果评价填入表4-2-3中。

表 4-2-3　学习结果评价

序号	评价内容	评价标准	评价结果
1	了解非接触式测量的定义	能简述非接触式测量的定义（2分）	
2	了解三维光学扫描仪原理	能简述三维光学扫描仪原理（2分）	
3	了解三维光学扫描仪使用环境要求	能简述三维光学扫描仪使用环境要求（2分）	
4	了解使用光学扫描仪完成点云数据采集的方法	能操作光学扫描仪完成点云数据采集（4分）	
总分（10分）			

六　拓展阅读

数据采集技术的发展

数据采集技术经历了点测量、线测量、面测量三代发展历程，具体内容如下。

（1）第一代：点测量。点测量主要通过每一次的测量点反映物体表面特征，优点是精度高，缺点是速度慢，其在测量较规则物体上有优势，适合用于物体表面几何公差检测。代表系统有三坐标测量仪（图4-2-1）、点激光测量仪。

（2）第二代：线测量。线测量通过一段有效的激光线（一般为数厘米，过长会发散）照射物体表面，再通过传感器得到物体表面数据信息，适合扫描中小件物体，扫描景深小（一般只有5cm），精度较高。第二代是发展比较成熟的，其新产品最高精度已经达到0.01μm。代表系统有三维激光扫描仪、三维手持式激光扫描仪（图4-2-2）和关节臂＋激光扫描头。

（3）第三代：面扫描。面扫描通过一组（一面光）光栅的位移，同时经过传感器而采集到物体表面的数据信息，适合对大中小物体进行扫描，精度较低，但扫描速度极快，单面面积为400mm×300mm时，时间≤5s，测量景深很大，一般为300~500mm甚至更大。代表系统有三维扫描仪（又称结构光扫描仪）、光栅式扫描仪和三维摄影测量系统等。图4-2-3为Win 3DD三维扫描仪。

图 4-2-1　三坐标测量仪

图 4-2-2　三维手持式激光扫描仪

图 4-2-3　Win 3DD三维扫描仪

课后作业

职业能力编号：＿＿＿＿＿＿＿＿＿＿＿＿＿＿＿＿＿＿＿

班级：＿＿＿＿＿＿＿＿　　　姓名：＿＿＿＿＿＿＿＿＿　　　　日期：＿＿＿＿＿＿＿＿

1. 什么是非接触式测量？

2. 简述三维光学扫描仪原理。

3. 总结光学扫描仪完成点云数据采集的操作过程。

任务 4-3 飞机燃油箱六面体罩模型逆向建模

职业能力 4-3-1
能使用 Geomagic Wrap 软件完成点云处理

一 核心概念

点云处理

点云处理是数据处理中的一种，是指对由三维空间中的多个点构成的数据集进行处理和分析的过程。点云数据通常是通过激光雷达、摄影测量或深度传感器等设备获取的。在点云处理过程中，可以进行诸如点云滤波、点云配准、特征提取、曲面重建、物体识别和分割等操作。点云滤波是为了去除或减少点云中的噪声和离群点，使数据更加干净和可靠。点云配准是将多个点云数据对齐，形成一个连续的模型，常用于构建三维地图或进行物体重建。特征提取是针对点云中的特定特征进行提取，如边缘、平面或特定形状等。曲面重建是根据离散的点云数据恢复连续的曲面模型。物体识别和分割是将点云中的不同物体进行分类和分割。

点云处理在许多领域都有应用，包括计算机图形学、机器人感知、三维重建、自动驾驶和虚拟现实等。

二 学习目标

- 能简述点云处理的概念。
- 能简述点云处理的两个阶段及其作用。
- 能说出常见的数据处理软件。
- 能操作 Geomagic Wrap 软件中常见的命令。
- 能使用 Geomagic Wrap 软件完成点云处理操作。

三 基本知识

1 点云处理的阶段和作用

点云处理分为两个阶段，一个是点云阶段，另一个是多边形阶段，如图 4-3-1 所示。

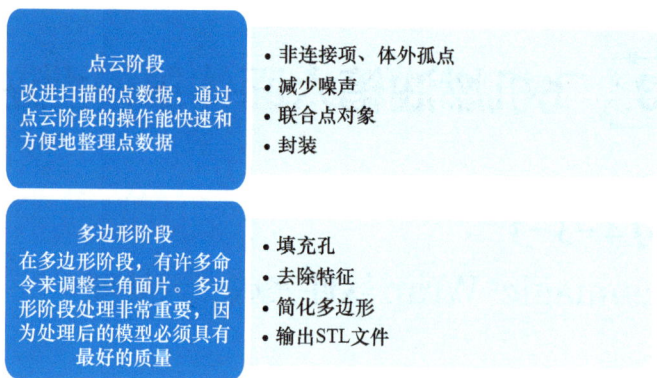

图 4-3-1　点云处理

（1）点云阶段的作用是去掉扫描过程中产生的杂点、噪声点，最后将点云文件三角面片化，即封装。

（2）多边形阶段的作用是将封装后的三角面片数据处理光顺、完整，保持数据的原始特征。

2　常见的点云数据处理软件

（1）Geomagic Design X。

Geomagic Design X（原Rapidform XOR）是韩国公司研发的逆向工程软件，拥有强大的点云处理能力和正向建模能力，是业界领先的扫描数据处理工具。它可处理十亿个以上的点云数据，拥有一套完整的数据处理功能，可以跳过点云清理阶段立即开始创建CAD数模，快速创建实体和曲面，适合工业零部件的逆向建模工作，可无缝连接主流CAD软件，包括SOLIDWORKS、Siemens NX、AutoDesk Inventor和PTC Creo。

Geomagic Design X通过最简单的方式，对3D扫描仪采集的数据创建出可编辑且基于特征的CAD数模，并将它们集成到现有的工程设计流程中，缩短从研发到制造的时间，可以在产品设计过程中节省数天甚至数周的时间。

（2）Geomagic Wrap。

Geomagic Wrap是由美国公司研发的逆向工程软件，可轻易地从扫描所得的点云数据创建出多边形模型和网格，并可自动转换为非均匀有理B样条曲线（non-uniform rational B-spline，NURBS）曲面。

Geomagic Wrap的主要功能包括：自动将点云数据转换为多边形，快速减少多边形数目，并把多边形转换为NURBS曲面，并且能够输出与CAD/CAM/CAE（computer aided engineering，计算机辅助工程）匹配的文件格式（IGS、STL、DXF等）。

（3）Wrap Win 3D。

安徽三维天下科技股份公司与美国公司深度合作，共同开发出全新的Wrap Win3D三维扫描系统。该系统集成了Win 3DD三维扫描仪和Geomagic Wrap数据处理软件各自的优势功能，将扫描—数据处理—封装用一个软件完成，节约了软件间相互转换以及扫描拼接错位再重扫的时间，大大提高了工作效率、易用性和便捷性。

3　Geomagic Wrap 软件常用命令

（1）点云阶段主要操作命令。

① 着色点。此命令通过为点云着色，使点云的形状更加清晰可辨，显著提高点云的可视化效果。不同的颜色可以用于区分点云的不同区域或特征。

② 非连接项。扫描过程中的各种因素，可能会出现一些点群彼此分离的情况，这些被称为非连接项。软件中的"非连接项"命令通过设置的参数，来识别并选定非连接项。

③ 体外孤点。体外孤点是指那些与其他多数点云具有较大距离的点。在判断体外孤点时，通常会设定一个距离阈值和敏感度数值。距离越远，敏感度数值越低，说明该点与其他点的差异越大，越有可能是孤点。软件中的"体外孤点"命令通过设置"敏感度"的值，检测并高亮显示体外孤点。

④ 减少噪声。因为逆向设备与扫描方法的缘故，扫描数据存在系统误差和随机误差，其中误差比较大，超出允许范围的扫描点，就是噪声。在软件中，"减少噪音"命令用于平滑点云数据，通过设置"平滑度水平"以减少由于扫描设备或环境因素引起的噪声。这个命令有助于提高点云的质量，使得后续的建模和修复工作更加准确和高效。

⑤ 封装。封装是将点云进行三角面片化的过程。点云本身只是一组离散的点，难以直接进行后续的分析和处理。通过封装成三角面片，可以将点云转换为连续的曲面模型，便于进行三维重建、表面分析、模型编辑等操作。在软件中，"封装"命令将围绕点云进行封装计算，使点云数据转换为多边形模型。

（2）多边形阶段主要操作命令。

① 删除钉状物。在多边形模型中，钉状物通常是由于数据采集或处理过程中的误差而产生的异常突出部分。"删除钉状物"命令通过设置"平滑级别"参数，使模型表面更加平滑，更符合实际物体的形状。

② 填充孔。由于点云数据的缺失或处理过程中的问题，多边形模型可能会出现漏洞。"填充孔"命令可根据曲率趋势进行修补因为点云数据缺失而造成的漏洞。

③ 减少噪声。与点云阶段类似，多边形模型中的噪声也会影响模型的质量。"减少噪音"命令将点移至正确的统计位置以弥补噪声（如扫描仪误差）造成的影响。

④ 网格医生。该命令可以自动修复多边形网格内的缺陷，使面片效果更佳。"网格医生"集成了删除钉状物、补洞、去除特征和开流形等功能，对于简单数据能够快速处理完成。

四　能力训练

Geomagic Wrap 软件拥有强大的点云处理能力，能够快速完成点云到三角面片的过程。强大的自动拟合曲面功能，对艺术、雕塑、考古、医学、玩具类等工件优势较大。使用 Geomagic Wrap 软件对职业能力 4-2-2 扫描好的六面体模型件进行点云处理。

需要使用安装了 Geomagic Wrap 软件的计算机。

2 操作步骤

▶ 步骤1 点云阶段

点云阶段的作用是去掉扫描过程中产生的杂点、噪声点，并将点云文件封装成三角面片。具体操作步骤见表4-3-1。

表4-3-1　点云阶段操作步骤

步骤	内容	具体操作	图示
1	将点云着色	选择"点"菜单栏中的"着色"→"着色点"命令。在"显示"对话框中，取消勾选"顶点颜色"的复选框	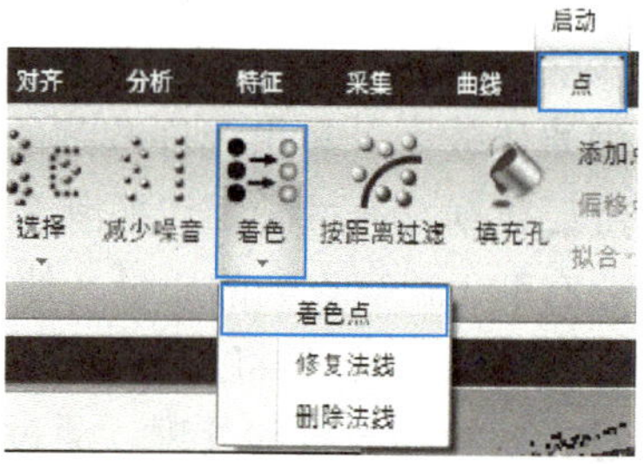 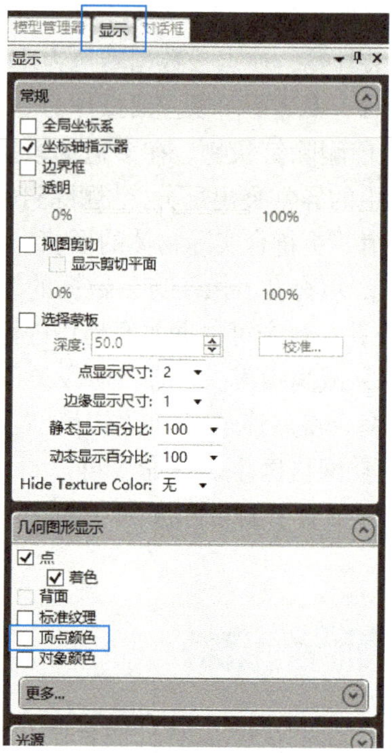

续表

步骤	内容	具体操作	图示
2	删除非连接点云	长按鼠标左键，圈选出要删除的点云，按Delete键进行删除	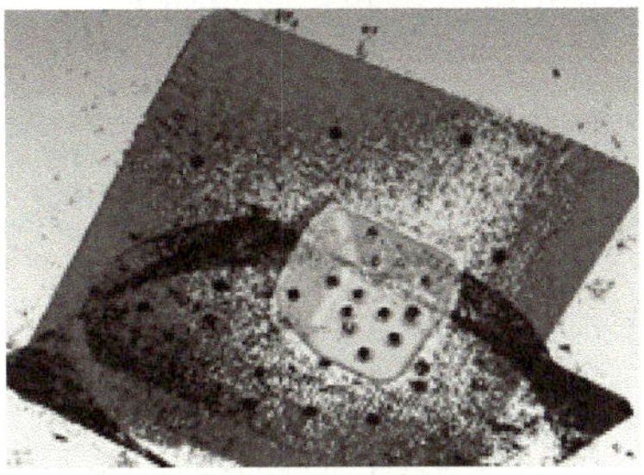
3	选择非连接项	选择"点"菜单栏中的"选择"→"非连接项"。在弹出的对话框中，将"尺寸"设置为默认值5mm，单击"确定"按钮。点云中的非连接项被选中，按下Delete键进行删除	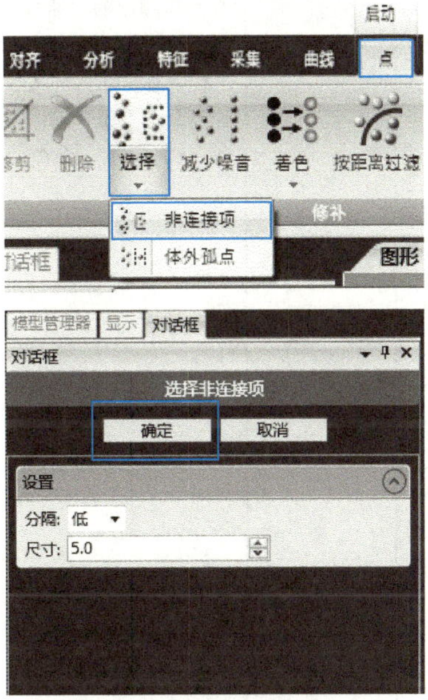
4	去除体外孤点	选择"点"菜单栏中的"选择"→"体外孤点"。在弹出的对话框中，将"敏感度"的值设置成100，选择"应用"→"确定"命令，此时体外孤点被选中，按下Delete键进行删除	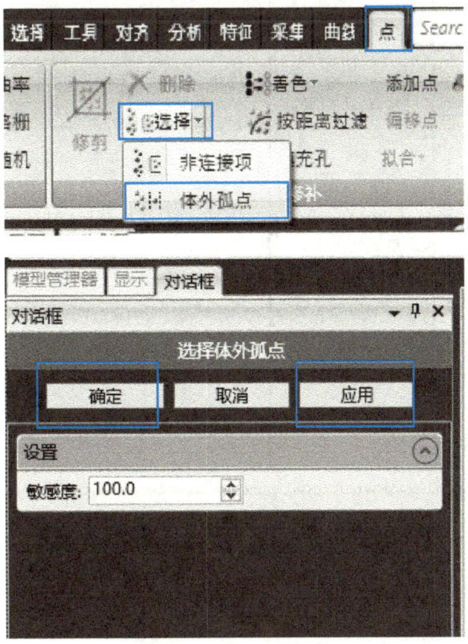

续表

步骤	内容	具体操作	图示
5	减少噪声	选择"点"菜单栏中的"减少噪音"命令，在弹出的对话框中，选中"棱柱形（积极）"单选按钮，将"平滑度水平"滑标调到"无"，在"迭代"文本框中输入"5"，"偏差限制"文本框中输入"0.05"。最后选择"应用"→"确定"命令	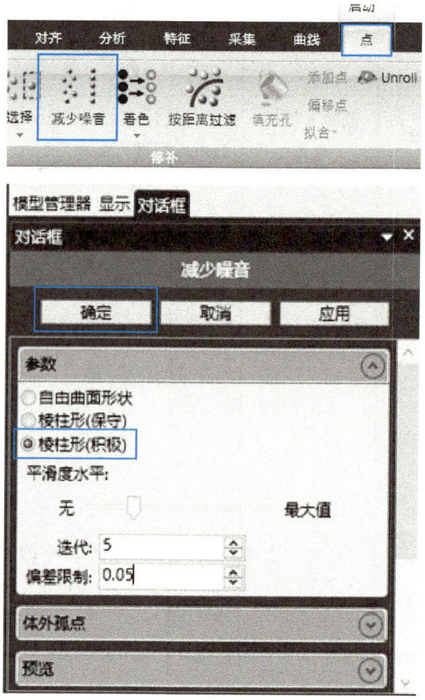
6	联合点对象	选择"点"菜单栏中的"统一"命令在弹出的对话框中选择"应用"→"确定"命令，在"联合点对象"对话框单击"应用"→"确定"命令	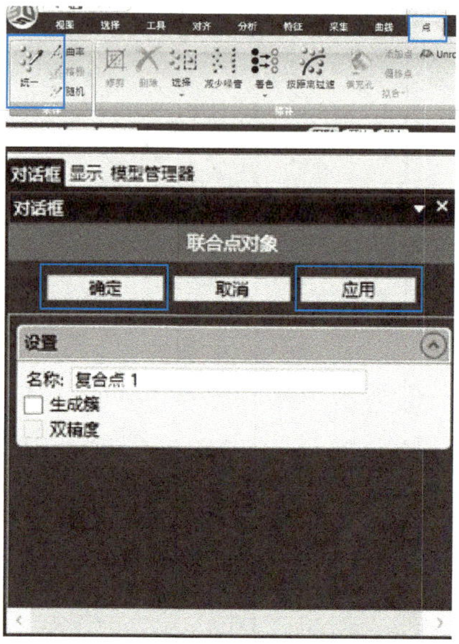

续表

步骤	内容	具体操作	图示
7	封装数据	选择"点"菜单栏中的"封装"命令，在弹出的对话框单击"确定"按钮	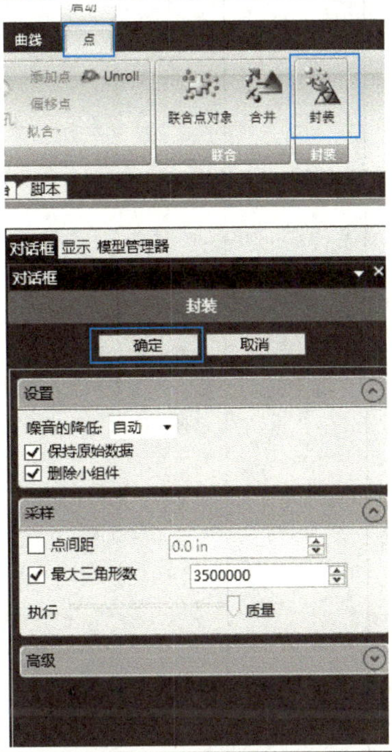

▶ 步骤2　多边形阶段

多边形阶段的作用是将封装后的三角面片数据处理光顺、完整并保持数据的原始特征。具体操作步骤见表4-3-2。

表4-3-2　多边形阶段操作步骤

步骤	内容	具体操作	图示
1	删除钉状物	选择"多边形"菜单栏中的"删除钉状物"命令。在弹出的对话框中，将"平滑级别"参数调至中间位置，选择"应用"→"确定"命令	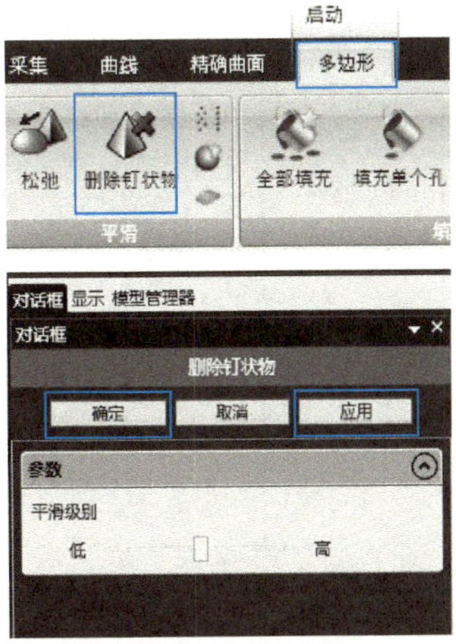

续表

步骤	内容	具体操作	图示
2	填充孔	选择"多边形"菜单栏中的"全部填充"命令，点击要填充的孔，并在弹出的对话框中选择"应用"→"确定"命令	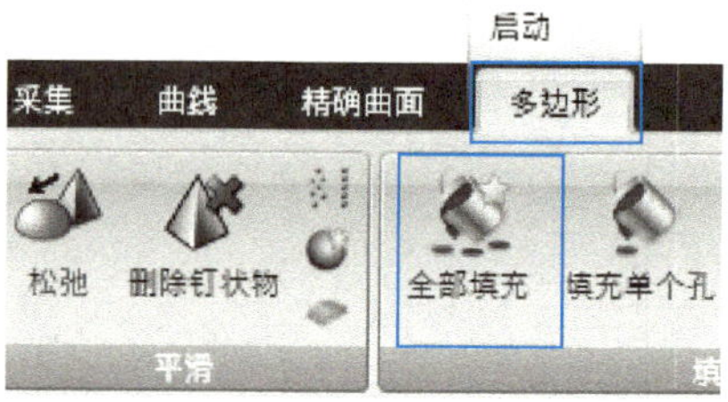 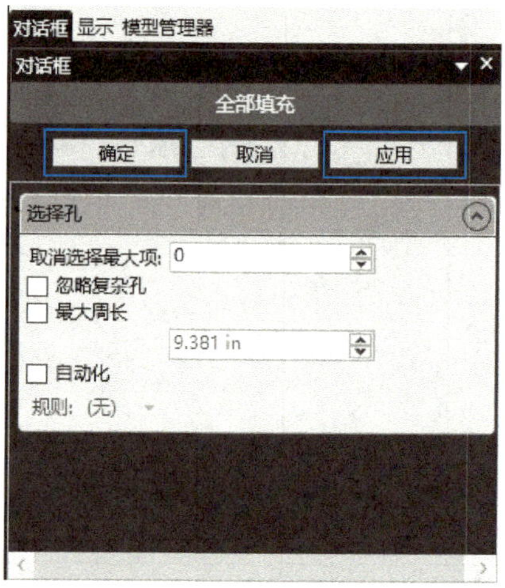
3	减少噪声	选择"多边形"菜单栏中的![按钮]按钮，选择"减少噪音"命令，在弹出的对话框中，选中"棱柱形（积极）"单选按钮，在"迭代"文本框中输入"5"，在"偏差限制"文本框中输入"0.31108in"。最后选择"应用"→"确定"命令	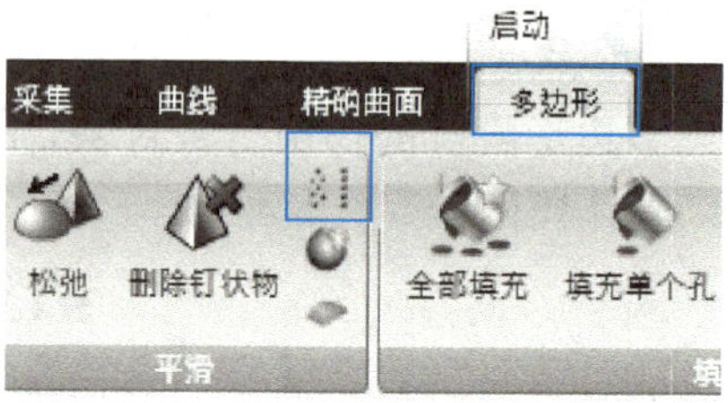 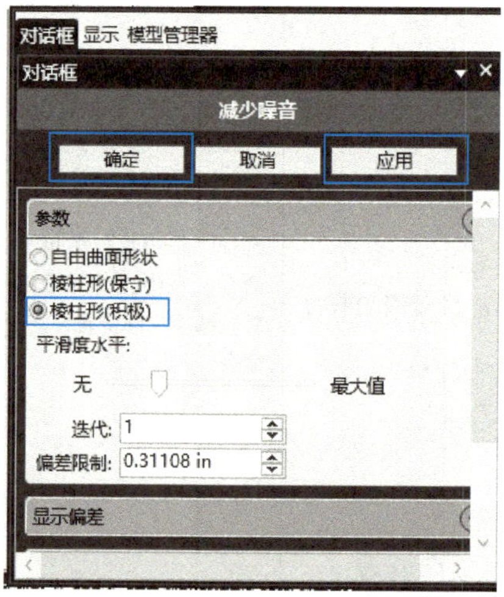

续表

步骤	内容	具体操作	图示
4	网格医生	选择"多边形"菜单栏"网格医生"命令，在弹出的对话框中选择"应用"→"确定"命令	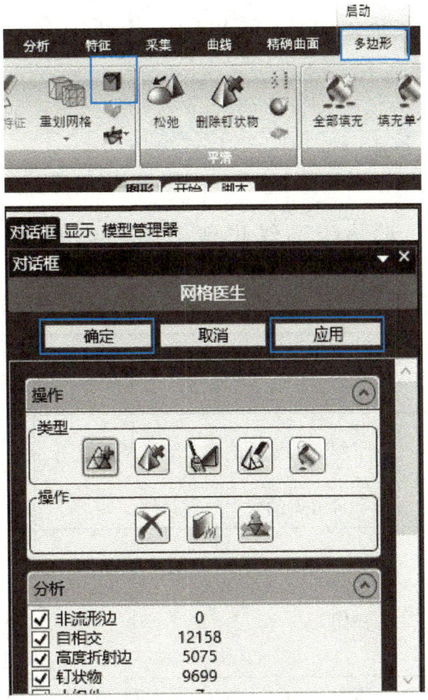
5	保存数据	点击左上角💾图标，将文件保存为"STL"文件	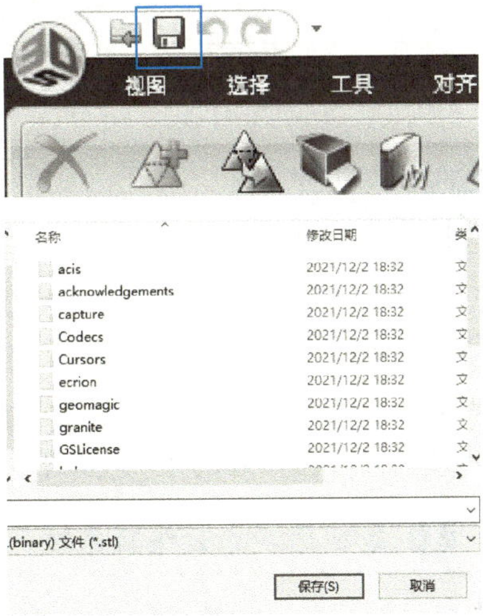

问题情境

问题　点云处理的数据能直接打印吗?

提示：转换点云数据为三角网格或体素模型的过程称为点云重建。这个过程可以使用专门的软件来进行，将点云数据转换成为适合3D打印的数据格式。一旦点云数据被成功重建成为几何模型，就可以通过3D打印机来打印出实体。因此，虽然3D打印机通常不能直接处理点云数据，但是可以通过点云重建的方式将点云数据转换为适合3D打印的数据格式，然后进行打印。

五　学习结果评价

请将学习结果评价填入表4-3-3中。

表4-3-3　学习结果评价

序号	评价内容	评价标准	评价结果
1	了解点云处理的概念	能简述点云处理的概念（2分）	
2	了解点云处理的两个阶段及其作用	能简述点云处理的两个阶段及其作用（2分）	
3	了解常见的数据处理软件	能说出常见的数据处理软件（2分）	
4	了解Geomagic Wrap中常见命令的操作	能说出Geomagic Wrap软件中几种常用命令及其功能（1分）	
		能正确完成Geomagic Wrap软件中常见命令的操作（1分）	
5	掌握Geomagic Wrap软件的点云处理操作	能正确使用Geomagic Wrap软件完成点云处理操作（2分）	
总分（10分）			

六　拓展阅读

国内点云处理软件介绍

随着现代科技的飞速发展，二维图像已不再能满足人们对于信息的需求，而点云作为新兴的一种信息表达方式已经越来越受到人们的关注。作为点云数据处理的关键工具，点云处理软件在国内外的市场上层出不穷。下面介绍一些国内知名的点云处理软件。

1　虚拟现实点云编辑系统——VRMesh

VRMesh是一款基于虚拟现实技术开发的点云处理软件，它支持各类点云数据格式，可以进行三角网格等各种现成数据格式的编辑、加工、拼接等工作。VRMesh主要应用于工程设计、工程施工、数字化文物、地形制图、城市规划等各个领域，其特点在于可大幅降低点云数据处理的难度和烦琐度，提高工作效率和精准度。

2　多年积累的实践经验——GEOVIS点云处理系统

GEOVIS点云处理系统由中科星图股份有限公司推出，该公司有着20年的数字化技术开发经验，其对点云技术的研究和应用也处于国内领先水平。目前，GEOVIS点云处理系统在数字化文物、工业测量、大数据处理等领域广泛应用，在数据获取、数据处理、数据分析、结果展示等方面对点云数据进行全方位的处理。

3 点云地形生成软件——LasViewer

LasViewer是一款点云数据处理软件，它针对一些土地测量、地形制图等领域的应用，通过对点云数据的畸变校正、曲面拟合、坡面分析等算法，生成清晰、规范的数字地形图。除此之外，它还支持多种数据格式的相互转换，而且该软件使用方便，可以选择透视正交或自上而下的视图。

4 面向市场的云服务软件——PointCloud

PointCloud作为专业的点云后处理软件，其主要通过点云的三维可视化来进行数据处理。PointCloud除了支持点云数据框架的构建与分析外，还可以通过类似"图层"的设计来快速定位分析数据中的关键特征，从而让数据分析更加简单直观。同时，PointCloud也是一个基于云服务架构的系统，所以无需担心数据在处理过程中的安全问题。

以上四种点云处理软件都是国内较为优秀的软件。在使用中，也可根据自身需求选择一款功能更加突出的软件进行操作。

课后作业

职业能力编号：＿＿＿＿＿＿＿＿＿＿＿＿＿＿＿＿＿＿

班级：＿＿＿＿＿＿＿＿   姓名：＿＿＿＿＿＿＿＿   日期：＿＿＿＿＿＿＿＿

1．什么是点云处理？

- -
- -
- -

2．点云处理分为几个阶段，每个阶段的作用是什么？

- -
- -
- -

3．简述飞机燃油箱模型点云处理操作过程。

- -
- -
- -

职业能力4-3-2
能使用Geomagic Design X软件完成逆向建模

一　核心概念

逆向设计

逆向设计是指设计师对产品实物样件表面进行数字化处理（如数据采集、数据处理等），并利用可实现逆向三维设计的软件来重新构造实物的三维CAD模型（即进行曲面模型重构），并进一步用CAD/CAE/CAM系统实现分析、再设计、数控编程、数控加工的过程。逆向设计通常是应用于产品表面外观的设计。

二　学习目标

- 能简述逆向设计的概念。
- 能简述数据扫描时可能存在的问题。
- 能简述逆向建模中领域阶段和草图阶段的作用。
- 能简述逆向建模的步骤。
- 能使用Geomagic Design X软件完成逆向建模。

三　基本知识

1　扫描数据可能存在的问题

（1）扫描数据表面不光滑，存在不规则，莫名凸起。

（2）扫描数据边缘特征不明显，直角变为圆角过渡。

（3）扫描数据不符合机械加工需求，特征不明显。

（4）扫描仪无法采集区域，数据会存在孔洞。

（5）工件内部气道、流道、长距离通孔、螺纹孔，无法采集或无法完整采集。

（6）部分特征间隔较小的区域，特征会合为一体。

2　逆向建模中领域阶段的作用

领域阶段是将多边形数据模型按曲率进行数据分块，使数据模型各特征（如圆柱、自由曲面等）通过领域进行独立表达，从而将多边形模型划分为多个领域组。

3 逆向建模中草图阶段的作用

草图阶段在逆向建模过程中的主要功能是利用基准平面的偏移平面截取模型特征的轮廓线，并利用其草图绘制功能对截取的截面轮廓线进行绘制、拟合和约束等操作，使其尽可能精确地反映模型的真实状态。

（四）能力训练

在职业能力 4-3-1 中，学习了六面体罩模型的点云处理，并且转化成了 STL 格式。扫描仪扫描出来的数据可能存在较多问题，接下来需要对六面体罩模型进行逆向建模，以获得符合要求的三维模型。逆向建模的操作过程，如图 4-3-2 所示。

导入数据 → 领域阶段 → 坐标对齐 → 草图阶段 → 模型阶段 → 导出文件

图 4-3-2 逆向建模的操作过程

1 操作条件

需要使用安装了 Geomagic Design X 软件的计算机。

2 操作步骤

▶ 步骤 1 导入数据

Geomagic Design X 软件通常支持 STL 和 ASC 两种文件格式，因此导入的模型时必须选择这两种格式之一。

打开 Geomagic Design X 软件，直接将 STL 格式的六面体拖入该软件中。

▶ 步骤 2 划分领域

单击"画笔选择模式"按钮，在六面体的 6 个平面上画出矩形平面，如图 4-3-3 所示。快捷键操作见表 4-3-4。

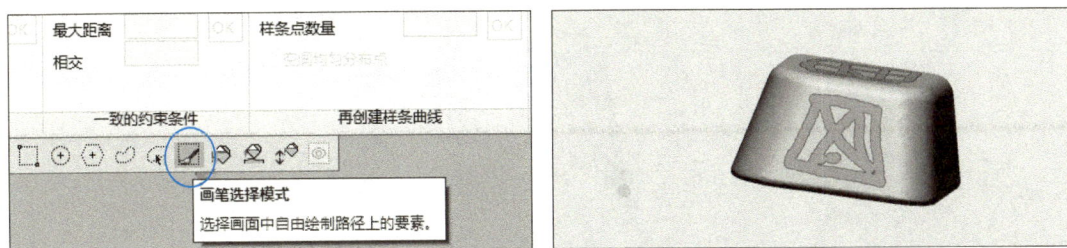

图 4-3-3 单击"画笔选择模式"按钮并画出矩形平面

表 4-3-4　软件的快捷键操作

操作	功能
Alt＋向右拖动鼠标	画笔的圆圈变大
Alt＋向左拖动鼠标	画笔的圆圈变小
Shift＋拖动鼠标	画笔连续绘制
Ctrl＋拖动鼠标	取消画笔的绘制

▶ **步骤3**　面片拟合

根据画笔圈出的矩形进行面片拟合，生成实体中的平面。

（1）侧面1拟合。选择"模型"菜单栏中的"面片拟合"命令，如图4-3-4所示。在弹出的对话框中，"领域单元面"选择六面体侧面1，单击■按钮。侧面1拟合结果如图4-3-5所示。

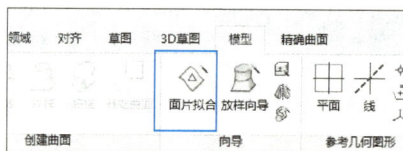

图 4-3-4　菜单栏中的"面片拟合"命令

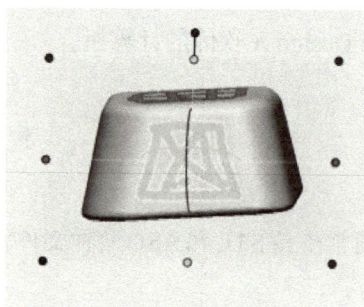

图 4-3-5　侧面1拟合

（2）侧面2拟合。选择菜单栏"模型"→"面片拟合"，在弹出的对话框中，"领域单元面"选择六面体侧面2，单击■按钮。侧面2拟合结果如图4-3-6所示。

图 4-3-6　侧面2拟合

（3）侧面3拟合。选择菜单栏"模型"→"面片拟合"，在弹出的对话框中，"领域单元面"选择六面体侧面3，单击✔️按钮。侧面3拟合结果如图4-3-7所示。

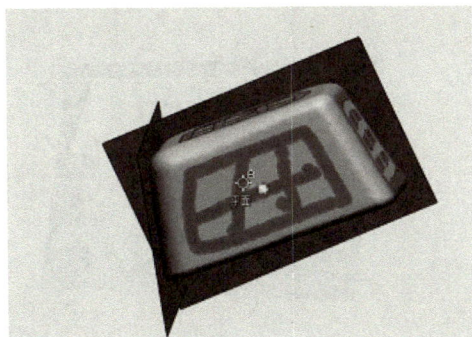

图4-3-7　侧面3拟合

（4）侧面4拟合。选择菜单栏"模型"→"面片拟合"，在弹出的对话框中，"领域单元面"选择六面体侧面4，单击✔️按钮。侧面4拟合结果如图4-3-8所示。

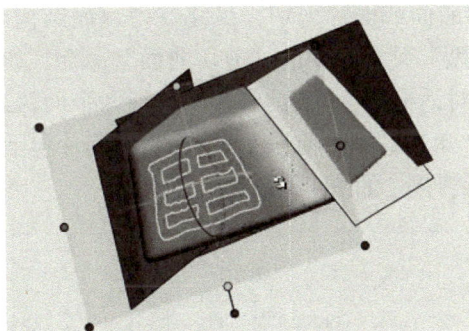

图4-3-8　侧面4拟合

（5）上表面拟合。选择菜单栏"模型"→"面片拟合"，在弹出的对话框中，"领域单元面"选择六面体上表面，单击✔️按钮。上表面拟合结果如图4-3-9所示。

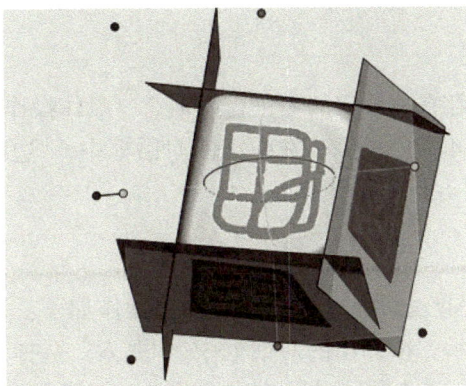

图4-3-9　上表面拟合

（6）底面拟合。选择菜单栏"模型"→"面片拟合"，在弹出的对话框中，"领域单元面"选择六面体底面，单击✔按钮。底面拟合结果如图4-3-10所示。

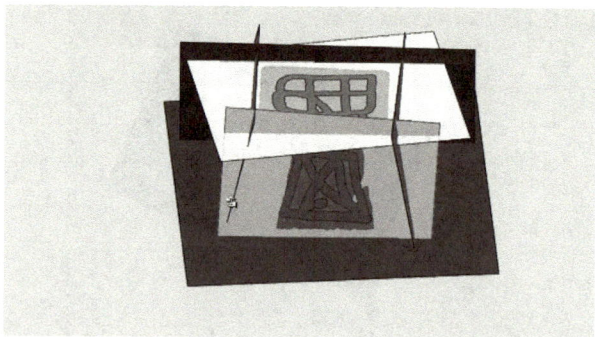

图 4-3-10　底面拟合

▶ **步骤4** 剪切曲面

剪切曲面是将相交的曲面或面片剪切，最终获得六面结构。具体操作如下：选择"模型"菜单栏中的"剪切曲面"命令，如图4-3-11所示。在弹出的对话框中，"工具要素"选择六个面片，"对象体"选择六个面片，单击"下一阶段"，选择六各面片包围部分作为残留体，单击✔按钮，如图4-3-12所示。

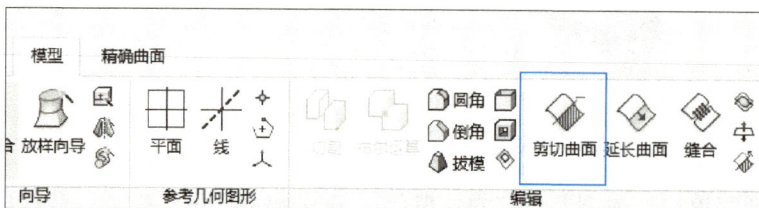

图 4-3-11　菜单栏中的"剪切曲面"命令

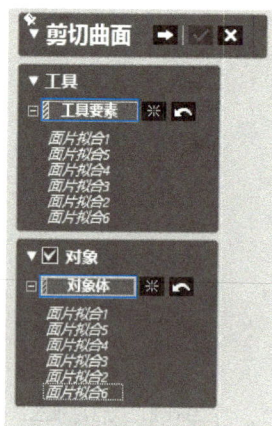

图 4-3-12　剪切曲面

▶ **步骤5** 面填补

曲面剪切后，需要对存在面缺陷的面进行面填充。具体操作如下：选择"模型"菜单栏"面填补"命令，如图4-3-13所示。在弹出的对话框中，"边线"选择三个需要填充的边线，单击✔按钮，如图4-3-14所示。

▶ **步骤6** 倒圆角

分别对四个棱边和上下表面的边倒圆角。具体操作如下：选择"模型"菜单栏"圆角"命令，如图4-3-15所示。在弹出的对话框中，"要素"选择分别选择四个棱边和上下表面的边，设置半径值后，单击✔按钮，结果如图4-3-16所示。

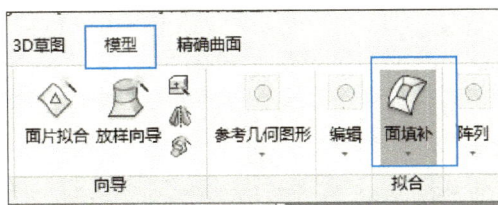

图4-3-13　菜单栏中的"面填补"命令　　　图4-3-14　面填补

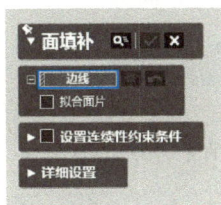

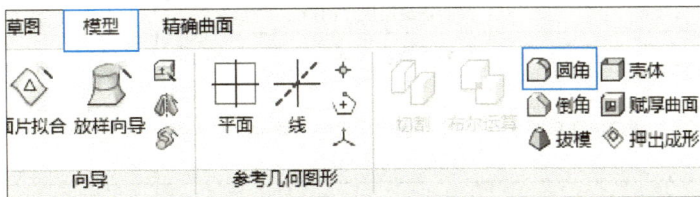

图4-3-15　菜单栏中的"圆角"命令

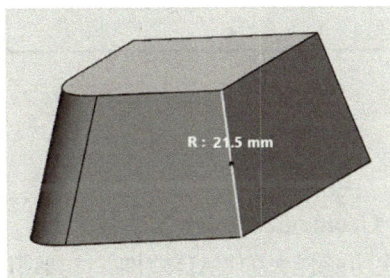

图4-3-16　倒圆角

▶ 步骤7　导出文件

将建模完成后的实体输出STP格式文件或选择客户所需格式的文件,选择"文件"→"输出"命令,选择输出要素为视图下的实体。

单击"确认"按钮,选择所保存的文件路径将文件保存成STP格式。

问题情境

问题　逆向工程能运用在软件开发领域吗?

提示: 逆向工程在软件开发领域的应用非常广泛。例如,在软件维护过程中,当开发人员需要理解已有软件的功能和实现细节时,可以通过逆向工程来分析已有代码,以便更好地进行修改和扩展;另外在软件逆向工程中,逆向工程师可以通过逆向分析来研究和学习其他软件的设计思路和实现方法,以提高自身的技术水平。

五　学习结果评价

请将学习结果评价填入表4-3-5中。

表4-3-5　学习结果评价

序号	评价内容	评价标准	评价结果
1	了解逆向设计的概念	能简述逆向设计的概念（2分）	
2	了解数据扫描时可能存在的问题	能简述数据扫描时可能存在的问题（2分）	
3	了解逆向建模中领域阶段和草图阶段的作用	能简述逆向建模中领域阶段和草图阶段的作用（2分）	
4	了解逆向建模的步骤	能简述逆向建模的步骤（2分）	
5	了解Geomagic Design X软件完成六面体模型逆向建模的方法	能使用Geomagic Design X软件完成六面体模型逆向建模（2分）	
总分（10分）			

六　拓展阅读

Geomagic Design X软件介绍

Geomagic Design X是一款功能强大的CAD软件，主要用于对物理模型进行逆向工程和3D建模。它能够将扫描到的物理模型数据转化为可编辑的3D数字模型，并且支持多种三维数据格式的导入和导出。

Geomagic Design X可以在多领域应用，如汽车和航空工业的修复和改进，医疗设备的设计和制造，艺术品的复制和保护等。其功能包括多种CAD建模工具、精细的几何操作、自动去除噪声和瑕疵，软件还提供了可高度自定义的工作流程、自动化的测量和检查、有效的分析和优化功能等。该软件简单易用，界面友好，也可快速上手。它为专业使用者提供丰富的选项和高度可定制的工作流程，从而满足了各种用户需求。通过Geomagic Design X，用户可以快速准确地创建3D数字模型，从而提高制造效率和精度，降低物理模型的设计成本。

课后作业

职业能力编号：_____

班级：_____　　姓名：_____　　　日期：_____

1. 列举扫描数据中可能出现的问题。

----

2. 简述逆向建模中，"划分领域"和"面片拟合"步骤的作用。

----

3. 结合 Geomagic Design X 软件，总结逆向建模的操作步骤。

综合实训：花洒的逆向建模

一　核心概念

逆向处理的概念和步骤

零件的逆向处理（reverse engineering）是指对一个已有的零件进行解构、测量和分析，以了解其几何形状、材料特性、功能和制造方法等信息。

在零件的逆向处理中，通常包括以下步骤。

（1）对零件进行解构：将零件进行拆解，了解其不同部分的构成和组装情况。

（2）进行测量和扫描：使用机械测量工具、三维扫描仪或其他测量设备，对零件进行尺寸、表面形貌和特征的测量和采集。

（3）建立数字模型：根据测量和扫描数据，使用CAD软件或逆向工程软件，建立零件的数字化模型。

（4）分析设计特征：通过对数字模型的分析，了解零件的设计特征、功能要求和制造要求。

二　学习目标

- 能使用扫描仪扫描获得花洒数据。
- 能使用Geomagic Wrap软件对花洒进行点云处理。
- 能使用Geomagic Design X软件对花洒进行逆向建模。

三　基本知识

逆向处理的目的

（1）重新设计：根据目标需求和改进目标，基于逆向处理得到的信息对零件进行重新设计和优化。

（2）快速制造：利用数字模型，进行快速原型制造或增材制造，加速产品开发和制造过程。

（3）质量分析：通过对逆向处理后的数字模型进行模拟和分析，评估零件的性能和质量。

（4）配件制造：通过逆向处理现有零件，获取其设计和制造信息用于生产备件或替代零件。

四 能力训练

某公司生产的花洒如图4-综-1所示。

任务：完成该花洒的逆向建模。

要求：建模精度为0.2mm，特征线明确，曲面与曲线制件光顺过渡，符合生产要求。

1 操作条件

一台 Win 3DD 三维扫描仪，安装了 Geomagic Wrap、Geomagic Design X 软件的计算机。

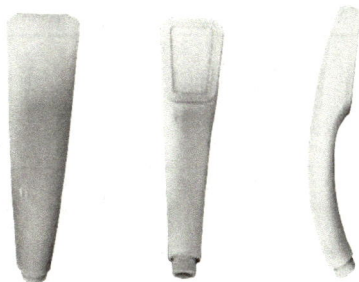

图4-综-1 花洒

2 操作步骤

▶ 步骤1 扫描

将扫描步骤记录填写至表4-综-1中。

表4-综-1 扫描步骤

步骤	内容	具体操作
1		
2		
3		
4		
5		
6		
7		
8		
9		

▶ 步骤2 点云处理

（1）点云阶段。将点云阶段各步骤记录填写至表4-综-2中。

表4-综-2 点云阶段步骤

步骤	内容	具体操作
1		
2		

续表

步骤	内容	具体操作
3		
4		
5		
6		

（2）多边形阶段。将多边形阶段各步骤记录填写至表4-综-3中。

表4-综-3　多边形阶段步骤

步骤	内容	具体操作
1		
2		
3		
4		
5		
6		

▶ **步骤3**　逆向建模

（1）数据导入：导入处理完成的花洒STL格式文件。单击"插入"→"导入"，导入花洒的STL格式文件。

（2）领域阶段：单击菜单栏中的"领域"，进入领域组模式，单击"画笔选择模式"按钮，手动绘制领域，单击"插入"按钮，插入新领域。

（3）建立坐标系，并将步骤记录填入表4-综-4中。

表4-综-4　坐标系建立步骤

步骤	内容	具体操作
1		
2		
3		
4		

（4）构建主体，并将步骤记录填入表4-综-5中。

表4-综-5　主体构建步骤

步骤	内容	具体操作
1		
2		
3		

续表

步骤	内容	具体操作
4		
5		
6		
7		
8		
9		
10		

（5）导出数据：选择"菜单"→"文件"→"输出"命令，选择输出位置，将文件保存为STP格式。

⚙ **问题情境**

问题 逆向工程能运用在安全评估领域吗？

提示：逆向工程在安全评估领域具有重要的应用价值。逆向工程师能够通过逆向分析发现软件或系统中存在的安全漏洞，并提出相应的修复建议。此外，逆向工程还使安全专家能够深入了解黑客所采用的攻击手段和技术细节，从而更有效地实施安全防护措施并进行攻击溯源。

五 学习结果评价

本综合实训的评价采用学生自评、组内互评和教师评价相结合的方式，具体参考表4-综-6，对任务完成情况进行评价。

表4-综-6 花洒建模评价表

序号	评价要素	考核要求	配分	评分标准	自评 30%	互评 30%	师评 40%	得分
1	数据采集	花洒表面点云的完整度	10	花洒点云完整无破洞，明显破洞每处扣2分，点云大面积分层扣6分，小面积分层扣3分，无分层不扣分（标志点处不作评判）				
		花洒封装后面片数据主体细节及圆角	10	花洒失真每处扣2分				
		花洒封装后面片数据处理效果和精度	10	花洒面片数据表面大面积粗糙扣10分；小面积粗糙扣5分				

续表

序号	评价要素	考核要求	配分	评分标准	自评 30%	互评 30%	师评 40%	得分
2	三维模型的重构	花洒数据定位合理性	10	花洒最大分型线平面与软件坐标系对应，位置错乱扣10分；不合理扣5分				
		花洒模型特征合理及完整性	14	模型特征是否合理且完整，每处不合理扣2分				
		花洒重构曲面拆分合理性	12	将模型曲面按照曲率差异进行拆分，应拆未拆每处扣2分				
		花洒重构后曲面光顺度	12	依据曲面拆分合理性，面与面之间有明显台阶或者明显扭曲每处扣2分				
		花洒模型重构细节特征合理	12	圆角和曲面过渡、接口处装配结构每处不合理扣2分				
3	职业素养	遵守考场纪律，无安全事故	2	纪律和安全各1分				
		工位保持清洁，物品整齐	2	工位和物品各1分				
		着装规范整洁	2	规范穿好工作服、工作鞋				
		操作规范，爱护设备	2	操作规范和爱护设备各1分				
		尊重老师，服从安排	2	尊重老师和服从安排各1分				
总分（100分）								

（六）拓展阅读

逆向工程系统的三大组成部分及其关键技术

逆向工程系统主要由三部分组成：产品实物几何外形的数字化、CAD模型重建、产品或模具制造。逆向工程中的关键技术是数据采集、数据处理和模型的重建。

（1）数据采集。数据采集是逆向工程的第一步，其方法的得当直接影响到是否能准确、快速、完整地获取实物的二维、三维几何数据，影响到重构的CAD实体模型的质量，并最终影响产品的质量。

（2）数据处理。对于获取的一系列点数据在进行CAD模型重建前，必须进行格式转换、噪声滤除、平滑、对齐、归并、测头半径补偿和插值补点等处理。

（3）模型重建。将处理过的测量数据导入CAD系统，依据前面创建的曲线、曲面构建出原型的CAD模型。

课后作业

职业能力编号：_____

班级：_____   姓名：_____   日期：_____

1. 什么是逆向处理？

‑‑

‑‑

‑‑

‑‑

2. 逆向处理的目的是什么？

‑‑

‑‑

‑‑

‑‑

参考文献

鲁华东，张弩，杨帆，2022. 增材制造技术基础［M］. 2版. 北京：机械工业出版社.

孟献军，2018. 3D打印造型技术［M］. 北京：机械工业出版社.

王晓燕，朱琳，2019. 3D打印与工业制造［M］. 北京：机械工业出版社.

杨占尧，赵敬云，2017. 增材制造与3D打印技术及应用［M］. 北京：清华大学出版社.

周建安，洪建明，周旭光，等，2020. UG NX 12.0边学边练实例教程［M］. 5版. 北京：人民邮电出版社.